全国专业技术人员新职业培训教程

物联网工程技术人员 中级

物联网嵌入式开发

人力资源社会保障部专业技术人员管理司 组织编写

中国人事出版社

图书在版编目（CIP）数据

物联网工程技术人员：中级．物联网嵌入式开发 / 人力资源社会保障部专业技术人员管理司组织编写．北京：中国人事出版社，2025．-- ISBN 978-7-5129-2091-0

Ⅰ．TP393.4；TP18

中国国家版本馆 CIP 数据核字第 2024M6N766 号

中国人事出版社出版发行

（北京市惠新东街 1 号　邮政编码：100029）

*

北京瑞禾彩色印刷有限公司印刷装订　　新华书店经销

787 毫米 ×1092 毫米　16 开本　19 印张　284 千字

2025 年 3 月第 1 版　　2025 年 3 月第 1 次印刷

定价：55.00 元

营销中心电话：400-606-6496

出版社网址：https://www.class.com.cn

本书编委会

指导委员会

主　　任： 梅　宏

副 主 任： 刘明亮　于　琨

委　　员： 谭志彬　郑　磊　丁恩杰　金　莹　张　晖　周治平

编审委员会

总 编 审： 许宏吉

副总编审： 刘　立　龚玉涵

主　　编： 郝志强

副 主 编： 李　骏　叶锡君　钱玉文

编写人员： 丁　男　孙希明　于　盟　陈贤卿　周明芹　庄友谊　刘晓华
张海平　解迎刚　孙国玺

主审人员： 李　嘉　王甜甜

出版说明

当今世界正经历百年未有之大变局，我国正处于实现中华民族伟大复兴关键时期。在全球经济低迷，我国加快形成以国内大循环为主体、国内国际双循环相互促进的新发展格局背景下，数字经济发挥着提振经济的重要作用。党的十九届五中全会提出，要发展战略性新兴产业，推动互联网、大数据、人工智能等同各产业深度融合，推动先进制造业集群发展，构建一批各具特色、优势互补、结构合理的战略性新兴产业增长引擎。党的二十届三中全会强调，健全促进实体经济和数字经济深度融合制度，加快构建促进数字经济发展体制机制，完善促进数字产业化和产业数字化政策体系。数字技术、数字经济是世界科技革命和产业变革的先机。数字经济发展速度之快、辐射范围之广、影响程度之深前所未有，成为我国推动高质量发展的核心动力。

近年来，人工智能、物联网、大数据、云计算、数字化管理、智能制造、工业互联网、虚拟现实、区块链、集成电路、机器人、增材制造、数据安全、密码等数字技术领域新职业不断涌现，这些新职业从业人员通过不断学习与探索，将推动科技创新、释放巨大能量，推动人们生产生活方式智能化、智慧化、数字化，推动传统产业转型升级，为经济高质量发展注入强劲活力。我国在技术、消费与应用领域具备数字经济创新领先优势，但还存在数字技术人才供给缺口较大、关键核心技术领域自主创新能力不足、数字经济与实体经济融合的深度和广度不够等问题。发展数字经济，推进数字产业化和产业数字化，推动数字经济和实体经济深度融合，急需培育壮大数字技术工程师队伍。

人力资源社会保障部会同有关行业主管部门陆续制定颁布数字技术领域国家职业标准，坚持以职业活动为导向、以专业能力为核心，遵循人才成长规律，对从业人员的理论知识和专业能力提出综合性引导性培养标准，为加快培育数字技术人才提供基本依据。根据《人力资源社会保障部办公厅关于加强新职业培训工作的通知》（人社厅发〔2021〕28号）要求，为提高新职业培训的针对性、有效性，进一步发挥新职业培训促进更好就业的作用，人力资源社会保障部专业技术人员管理司组织相关领域的专家学者编写了全国专业技术人员新职业培训教程，供相关领域开展新职业培训使用。

本系列教程依据相应国家职业标准编写，划分初级、中级、高级三个等级，有的职业划分若干职业方向。教程紧贴数字技术人员职业活动特点，定位于全国平均水平，且是相关数字技术人员经过继续教育或岗位实践能够达到的水平，突出该职业领域的核心理论知识、主流技术及未来发展要求，为教学活动和培训考核提供规范和引导，将帮助广大有意或正在从事数字技术职业的人员改善知识结构、掌握数字技术、提升创新能力。

希望本系列教程的出版，能够在加强数字技术人才队伍建设、推动数字经济快速发展中发挥支持作用。

目　录

第一篇　物联网感知控制开发

第二篇　物联网应用协议开发

第三篇　物联网组网通信开发

第一篇 物联网感知控制开发

物联网感知控制技术的开发涵盖嵌入式系统开发、实时操作系统应用开发、音视频信息采集开发及智能化设备接口开发等核心领域。嵌入式系统开发是构建物联网终端设备的关键，要求高效数据处理、稳定运行与低功耗。实时操作系统应用开发则确保数据采集、处理的实时性能，保障任务响应准确且及时。音视频信息采集开发满足多样化物联网场景对高效音视频获取与传输的需求。智能化设备接口开发则实现与各类智能设备的连接和通信，确保设备间数据交互与控制指令的顺畅传输。综上所述，通过综合运用这些开发技术，物联网系统能实现环境感知、数据采集处理及智能设备远程控制，推动物联网技术的发展。

第一章
嵌入式系统开发

嵌入式系统是一种专用的计算机系统，它以应用为中心，以现代计算机技术为基础，可根据用户具体需求进行软硬件灵活定制。嵌入式系统单机、嵌入式系统局域网与通用计算机的互联网高度融合，传输共享信息，共同实现了人、机、物互联互通的物联网。嵌入式系统是物联网最重要的技术支柱之一，学习和理解嵌入式系统有助于深刻、全面地理解物联网的本质。

通常来说，嵌入式计算机芯片可分为嵌入式微处理器和嵌入式微控制器两类。嵌入式微处理器以通用计算机中的标准中央处理器（central processing unit，CPU）为核心，与外接存储器和外围芯片一起装配在专门设计的电路板上，构成嵌入式系统。此种系统特征为处理能力强，可扩展性强，支持各种操作系统和应用程序。但其价格高，功耗也高，系统构成复杂，需要外接存储器和外围芯片。嵌入式微控制器常被称为单片机，它将 CPU、存储器、I/O 接口、定时器、A/D 转换器、D/A 转换器、总线等集成在一块芯片上。其特征为单片化、低功耗、体积小、可靠性强。但此种系统处理能力弱，可扩展性弱，只能运行固定的程序。

- **职业功能：** 物联网感知控制开发。
- **工作内容：** 嵌入式系统开发。
- **专业能力要求：** 能根据物联网业务场景需求，选取合适的嵌入式处理器并搭建开发环境；能运用嵌入式通用接口技术，完成通用输入输出设备的应用开发；能基于嵌入式通用操作系统，进行应用程序开发；能实现嵌入式系统的能耗优化。

- **相关知识要求：**嵌入式开发工具的使用知识；嵌入式外设的工作原理；通用操作系统的开发知识；低能耗知识。

第一节　嵌入式开发环境搭建

考核知识点及能力要求：

- 了解常用嵌入式微控制器。
- 掌握嵌入式 Linux 系统环境搭建方法。

一、嵌入式微处理器选型

国内嵌入式开发常用的通用型单片机种类有 51 系列、AVR 系列、PIC 系列、MSP430 系列、ARM 系列等。其中 51 系列是最经典的一款 8 位单片机，但受限于其较为陈旧的架构设计，其性能与片上资源已无法满足较为复杂的嵌入式设计需求。随着国内 ARM Cortex-M 系列 32 位 RISC 内核单片机市场的崛起，越来越多的单片机供应商推出了基于这种内核的高性能 32 位单片机。而在嵌入式应用趋于复杂化、智能化的今天，性能更强、效率更高、接口更加丰富的 ARM Cortex-A 系列处理器也越来越多地应用在不同的物联网场景中。

针对复杂的物联网场景，如智能家居控制、智慧农业、智慧交通等，采用的嵌入式处理器就需要具备高效的数据处理能力，强大的计算和图形处理能力，丰富通用的外设接口以搭载网络、音视频输入输出、显示等功能。如国内厂家推出的高性能中央处理器，基于 ARM 架构，集成多个核心 CPU 以及 GPU（graphics processing unit，图形处理器），并具备丰富的硬件接口和扩展能力，能够支持音频输入输出接口、SD 卡插槽、TF 卡插槽等常用接口，可满足不同应用场景的需求，并且支持不同的操作系统，方便开发者进行系统定制和应用开发。同时，它还支持 AI 加速和硬件图像处理，适用于人工智能、嵌入式视觉、智能监控、工业控制等领域的应用开发。

二、嵌入式系统环境搭建

Linux 操作系统经过小型化裁剪处理之后，能够固化在容量只有几千或者几兆字节的存储器芯片或者单片机中，作为适用于特定嵌入式应用场合的 Linux 操作系统，即嵌入式 Linux 操作系统。嵌入式 Linux 操作系统能够根据需求对软硬件进行裁剪选配，因此在不同行业广泛应用。进行嵌入式 Linux 操作系统应用开发时，一般需要在 Windows 操作系统的环境下搭建一台 Linux 操作系统的虚拟机，在这个环境中进行代码的编译、调试和运行，并将编译后生成的可烧录文件复制到 Windows 操作系统环境下，再将这个文件烧录到芯片中。

（一）开发环境准备

虚拟机 VMware Workstation 软件能够安装不同的操作系统（如 Windows、Linux 等），用于进行软件测试、应用程序开发、系统配置等工作。嵌入式开发过程离不开这类虚拟机软件，嵌入式设备的 Linux 操作系统软件开发工具包一般会在虚拟机中的 Linux 操作系统下进行编译开发。需要注意的是，选择虚拟机安装位置时，要选择一个专用的空闲磁盘，以避免虚拟机硬盘空间不足。

搭建开发环境的步骤如下：

第一步，需要在计算机上安装虚拟机软件，然后在虚拟机中安装一个适用于嵌入式开发的操作系统（如 Ubuntu 系统），对其进行更新并安装相关依赖包。

第二步，需要在操作系统中安装交叉编译工具链，获取交叉编译工具。交叉编译工具链用于在一种平台上（如 x86 架构的计算机）编译出可以在另一种平台上（如 ARM 架构的嵌入式设备）运行的代码。应根据目标设备的架构，下载并安装相应的交叉编译工具链。

第三步，需要配置环境变量，将交叉编译工具链的路径添加到系统的 PATH 环境变量中，以便在任何目录下都能调用这些工具。

（二）嵌入式系统源码编译

以下以 RK3568 芯片的嵌入式 Linux 操作系统源码编译为例，对嵌入式系统源码编译过程进行讲解。

1. 解压嵌入式 Linux 操作系统源码的压缩包

首先将 RK356X_Linux_SDK 压缩包放到新建的 RK356X_LINUX 目录下。

进入 RK356X_LINUX 目录：

```
user@ubuntu18:~$ cd RK356X_LINUX /
```

在此目录下解压 RK356X_Linux_SDK 压缩包：

```
user@ubuntu18:~/RK356X_LINUX$ sudo cat RK356X_Linux_SDK.tar.gz | tar xz
```

进入解压后文件夹的根目录：

```
user@ubuntu18:~/RK356X_LINUX $ cd RK356X_Linux_SDK/
```

根目录下的文件夹内容见表 1–1。

表 1–1　　根目录下的文件夹内容

文件夹名称	内容
App	存放上层应用
buildroot	基于 buildroot 开发的根文件系统
yocto	基于 yocto gatesgarth 开发的根文件系统，支持部分芯片
debian	基于 debian 开发的根文件系统，支持部分芯片
device/rockchip	存放各芯片板级配置和参数文件，以及一些编译与打包固件的脚本和预备文件
docs	存放芯片模块开发指导文档、平台支持列表、芯片平台相关文档、Linux 开发指南等
IMAGE	存放每次生成编译时间、XML.、补丁和固件目录
external	存放第三方相关仓库包括音频、视频、网络、recovery 等
kernel	存放 kernel 开发的代码
u–boot	存放 u–boot 代码
prebuilts	存放交叉编译工具链
rkbin	存放 Rockchip 相关的 Binary 和工具
rockdev	存放编译输出固件
tools	存放 Linux 和 Windows 操作系统环境下常用工具

2. 查看板级配置信息

在根目录下，可以通过以下指令查看编译脚本的帮助信息：

```
./build.sh -h
```

可以通过以下指令查看系统默认的板级配置文件：

```
./build.sh lunch
```

根据所使用的芯片和内存类型选择适配的板级配置文件，方便后期进行系统移植和定制化。

3. 编译 Linux 操作系统源码

第一次进行编译时，可以选择全自动编译，会执行编译、打包操作，生成完整固件。指令如下：

```
./build.sh all
```

4. 打包固件

如果将内核、u-boot、buildroot 等内容分别进行配置和编译，编译完成后，需要执行以下命令确保 rockdev 目录下的文件链接均正确：

```
./mkfirmware.sh
```

然后执行以下命令打包生成完整固件，在 rockdev 目录下生成可以用于烧录的 update.img 镜像：

```
./build.sh updateimg
```

第二节　输入输出设备应用开发

考核知识点及能力要求：

- 了解常见微控制器输入输出接口。
- 掌握通用输入输出模式及应用。
- 了解通用 GPIO 库函数及初始化配置。

一、输入输出设备与通用接口

输入输出设备在嵌入式系统的数据处理过程中扮演至关重要的角色，作为关键的外部设备之一，它们与嵌入式系统进行交互，作为人与嵌入式系统间联系的桥梁。输入设备负责向嵌入式系统传递数据、指令和标志信息等，常见的输入设备有键盘、鼠标、摄像头、扫描仪、光笔、手写输入板、游戏杆及语音输入装置等。输出设备则将计算或处理的结果以人能识别的形式（如数字、符号、字母等）呈现出来，如显示器、打印机、绘图仪、影像输出系统、语音输出系统以及磁记录设备等。

在输入输出设备应用开发中，嵌入式通用接口技术是一种至关重要的技术，它被广泛应用于嵌入式系统中，能够实现设备之间的互联互通。常见的接口包括 GPIO（general purpose input/output，通用输入输出接口）、SPI、I2C 和 UART 等，通过这些接口，可以连接按键、触摸屏、温度传感器、蓝牙模块等各种输入输出设备。其中 GPIO 由引脚和功能寄存器组成，不同架构中的 GPIO 封装不同，所使用的引脚数与寄存器数不同。GPIO 的作用是控制连接在此 GPIO 口上的外设，一般可以通过观察原理图找到当前板子的 GPIO 口引出在哪个口上或者排针上，将外设接到上面去就可以通过 GPIO 与这个外设进行交互控制，在驱动层通过读写 GPIO 口中的功能寄存器改变连接在此 GPIO 上的外设状态。

二、通用输入输出接口模式

对 GPIO 的操作通常有以下几种模式。

第一，将某个引脚配置为输出模式，输出高电平或低电平，如控制蜂鸣器、LED 灯等。

第二，将某个引脚配置为输入模式，读取引脚高、低电平状态，如读取按键的按下与抬起动作。

第三，将某个引脚配置为中断模式，根据特定的中断触发条件，软件执行对应的中断处理函数。

为了深入了解输入输出模式的具体工作原理和接口分组及相关应用，以 RK3568 芯片为例进行讲解。

（一）输入输出工作原理

RK3568 芯片共有 160 个 GPIO 引脚（Pin0 ~ Pin159），除作为一般的输入 / 输出功能外，还可以配置为中断和模拟 UART、CAN、PWM、I2C 等功能。

160 个 GPIO 被编为 5 组（GPIO0 ~ GPIO4），每组 GPIO 为一个 Bank，包括 32 个引脚。每个 Bank 包括 4 个 Group（GPIOA ~ GPIOD），每个 Group 包括 8 个引脚。如 GPIO2_C3 表示 2 号 Bank 的 C 号 Group 中的 3 号引脚。RK3568 GPIO 分组及引脚见表 1–2。

表 1–2　　RK3568 GPIO 分组及引脚

引脚范围	Bank	Group	引脚号							
Pin0 ~ 7	Bank0	GroupA	A0	A1	A2	A3	A4	A5	A6	A7
Pin8 ~ 15		GroupB	B0	B1	B2	B3	B4	B5	B6	B7
Pin16 ~ 23		GroupC	C0	C1	C2	C3	C4	C5	C6	C7
Pin24 ~ 31		GroupD	D0	D1	D2	D3	D4	D5	D6	D7

续表

引脚范围	Bank	Group	引脚号							
Pin32 ~ 39	Bank1	GroupA	A0	A1	A2	A3	A4	A5	A6	A7
Pin40 ~ 47		GroupB	B0	B1	B2	B3	B4	B5	B6	B7
Pin48 ~ 55		GroupC	C0	C1	C2	C3	C4	C5	C6	C7
Pin56 ~ 63		GroupD	D0	D1	D2	D3	D4	D5	D6	D7
Pin64 ~ 71	Bank2	GroupA	A0	A1	A2	A3	A4	A5	A6	A7
Pin72 ~ 79		GroupB	B0	B1	B2	B3	B4	B5	B6	B7
Pin80 ~ 87		GroupC	C0	C1	C2	C3	C4	C5	C6	C7
Pin88 ~ 95		GroupD	D0	D1	D2	D3	D4	D5	D6	D7
Pin96 ~ 103	Bank3	GroupA	A0	A1	A2	A3	A4	A5	A6	A7
Pin104 ~ 111		GroupB	B0	B1	B2	B3	B4	B5	B6	B7
Pin112 ~ 119		GroupC	C0	C1	C2	C3	C4	C5	C6	C7
Pin120 ~ 127		GroupD	D0	D1	D2	D3	D4	D5	D6	D7
Pin128 ~ 135	Bank4	GroupA	A0	A1	A2	A3	A4	A5	A6	A7
Pin136 ~ 143		GroupB	B0	B1	B2	B3	B4	B5	B6	B7
Pin144 ~ 151		GroupC	C0	C1	C2	C3	C4	C5	C6	C7
Pin152 ~ 159		GroupD	D0	D1	D2	D3	D4	D5	D6	D7

引脚号的计算公式如下：

$$Pin\_num=32 \times Bank\_num+8 \times Group\_num+Num$$

式中　Pin_num——引脚号；

Bank_num——Bank 区域的值，为 0 ~ 4；

Group_num——Group 列的值，其中 A、B、C、D 分别对应 0、1、2、3；

Num——表 1-2 中引脚号 0 ~ 7。

如计算 GPIO2_C3 的引脚号，则为 32 × 2+8 × 2+3=83。

（二）输入输出接口分组

RK3568 的 GPIO 被分为 PMU_GRF 和 SYS_GRF 两组，由通用寄存器文件（general register files，GRF）规定具体对应的组名称和地址。GPIO Bank0 属于 PMU_GRF 组，

GPIO Bank1 ~ Bank4 属于 SYS_GRF 组。PMU_GRF 组的基地址为 0xFDC20000，SYS_GRF 组的基地址为 0xFDC60000。所以，GPIO Bank0 和 GPIO Bank1 的基地址也分别为 0xFDC20000 和 0xFDC60000。GRF 地址表见表 1–3。

表 1–3　　GRF 地址表

名称	基地址	描述
PMU_GRF	0xFDC20000	used for always on logic control
CPU_GRF	0xFDC30000	
DDR_GRF	0xFDC40000	
PIPE_GRF	0xFDC50000	
SYS_GRF	0xFDC60000	used for general system
PIPE_PHY_GRF0	0xFDC70000	
PIPE_PHY_GRF1	0xFDC80000	
PIPE_PHY_GRF2	0xFDC90000	
USBPHY_U3_GRF	0xFDCA0000	
USBPHY_U2_GRF	0xFDCA8000	
EDP_PHY_GRF	0xFDCB0000	
PCIE30_PHY_GRF	0xFDCB8000	
USB_GRF	0xFDCF0000	

每个 GPIO 寄存器占用 1 个地址，以 Bank 为单位，RK3568 GPIO 地址表见表 1–4。

表 1–4　　RK3568 GPIO 地址表

GPIO	Bank	地址范围	分组
0 ~ 31	Bank0	0xFDC20000 ~ 0xFDC2001F	PMU_GRF
32 ~ 63	Bank1	0xFDC60000 ~ 0xFDC6001F	SYS_GRF
64 ~ 95	Bank2	0xFDC60020 ~ 0xFDC6002F	
96 ~ 127	Bank3	0xFDC60040 ~ 0xFDC6004F	
128 ~ 159	Bank4	0xFDC60060 ~ 0xFDC6006F	

三、输入输出相关开发接口

在 Linux 操作系统开发中，常常需要读取开关状态、控制 LED 灯等，这些操作都是针对输入输出接口的。gpiod.h 是 Linux 操作系统中 libgpiod 库的头文件，它提供了一组函数和数据结构，用于在用户空间程序中操作通用输入输出接口。以下是 gpiod.h 中用于 GPIO 操作的一些主要函数。

（一）打开和关闭 GPIO 芯片

以下函数均用于打开 GPIO 芯片：

```
struct gpiod_chip* gpiod_chip_open(unsigned int num)  // 通过芯片编号打开 GPIO 芯片。
struct gpiod_chip* gpiod_chip_open_by_name(const char *name)  // 通过芯片名称打开 GPIO 芯片
```

关闭 GPIO 芯片的函数如下：

```
void gpiod_chip_close(struct gpiod_chip *chip)
```

（二）获取 GPIO 管脚

该函数用于从已打开的 GPIO 芯片中获取指定的 GPIO 管脚，并返回一个指向 gpiod_line_info 结构的指针。

```
struct gpiod_line_info* gpiod_chip_watch_line(struct gpiod_chip *chip, unsigned int offset)
```

（三）配置 GPIO 管脚

将 GPIO 管脚配置为输入模式，参数 consumer 是请求该管脚的名称，配置函数如下：

```
int gpiod_line_request_input(struct gpiod_line *line, const char *consumer)
```

将 GPIO 管脚配置为输出模式，并设置默认输出值，参数 consumer 是请求该管脚的名称，参数 default_value 是默认的输出值（0 或 1），配置函数如下：

```
int gpiod_line_request_output(struct gpiod_line *line, const char *consumer, int default_value)
```

（四）读取和写入 GPIO 管脚值

读取 GPIO 输入管脚值的函数如下：

```
int gpiod_line_get_value(const struct gpiod_line *line)
```

设置 GPIO 输出管脚值的函数如下：

```
void gpiod_line_set_value(struct gpiod_line *line, int value)
```

（五）其他辅助函数

获取 GPIO 芯片中管脚数量的函数如下：

```
unsigned int gpiod_chip_num_lines(const struct gpiod_chip *chip)
```

获取 GPIO 管脚或芯片名称的函数如下：

```
const char* gpiod_chip_name(const struct gpiod_chip *chip)
```

以上函数提供了在 Linux 用户空间程序中操作 GPIO 接口的基本能力，包括打开和关闭 GPIO 芯片、获取和配置 GPIO 管脚、读取和写入 GPIO 管脚的值等。在使用这些函数时，需要包含 gpiod.h 头文件，并链接 libgpiod 库。

第三节　通用操作系统应用程序开发

考核知识点及能力要求：

- 了解嵌入式 Linux 操作系统特点。
- 掌握通用操作系统应用程序开发方法。

一、通用操作系统介绍

在嵌入式开发中，通用操作系统是指可以在不同硬件平台上运行的操作系统。通用操作系统通常具有较强的兼容性和可移植性，能够支持多种应用程序和硬件设备，使嵌入式系统具有丰富灵活的功能。常见的通用操作系统包括 Windows、Linux、Android 等。通用操作系统能够运行在多种硬件架构上，如 x86、ARM 等，并允许用户同时运行多个程序且能在它们之间高效地切换，另外还具备应用程序兼容性、安全性、可扩展性、可定制性等特点。

Linux 操作系统以 Linux 内核作为基础核心部分，广泛应用于服务器、个人电脑和嵌入式系统等领域。它具有较强的稳定性、安全性和可靠性，支持多种处理器架构，适用于各种嵌入式设备。Linux 操作系统采用了完全自由的开放项目的工具和自由软件许可协议（general public license，GPL），使用自由和开源软件发展模型，意味着任何人都可以查看源代码、修改并重新分发。目前 Linux 操作系统发行版本包括 Ubuntu、Debian、CentOS 等，无论是在个人计算、企业服务器还是嵌入式设备领域，Linux 操作系统都展现出了强大的生命力和广阔的应用前景。

二、嵌入式系统应用开发

在嵌入式系统应用场景中，最基础的操作就是使用 GPIO 接口读取开关状态和控制 LED 灯。以下案例展示了如何在嵌入式 Linux 操作系统下实现这些功能。

（一）软硬件环境搭建

第一步需要确认按键开关及 LED 灯分别连接到硬件的哪些 GPIO 管脚。第二步需要在 Linux 操作系统下安装 libgpiod 库，利用相关库函数实现对 GPIO 管脚的控制和读取。

（二）代码编写

1. 配置 LED GPIO 管脚

打开 GPIO 芯片一般需要使用 gpiod_chip_open_by_name( ) 函数，此函数需要输入芯片的名称，通常是“gpiochip0”。

在获取 LED GPIO 管脚过程中，首先使用 gpiod_chip_get_line( ) 函数获取 LED 连接的 GPIO 管脚，然后使用 gpiod_line_request_output( ) 函数将该管脚配置为输出模式，并为其指定一个名称（在这里是“my_led”）。配置为输出模式后，即可用该 GPIO 管脚控制 LED 灯。代码如下：

```
// 打开 GPIO 芯片
   chip = gpiod_chip_open_by_name("gpiochip0");
   if (!chip) {
     perror("gpiod_chip_open_by_name");
     return 1;
   }
    // 获取 LED GPIO 管脚
   led_line = gpiod_chip_get_line(chip, LED_GPIO_PIN);
   if (!led_line) {
     perror("gpiod_chip_get_line (LED)");
```

```
    gpiod_chip_close(chip);
    return 1;
  }
   // 配置 LED GPIO 为输出模式
  ret = gpiod_line_request_output(led_line, "my_led", 0);
  if (ret < 0) {
    perror("gpiod_line_request_output (LED)");
    gpiod_line_release(led_line);
    gpiod_chip_close(chip);
    return 1;
  }
```

2. 获取并配置开关 GPIO 管脚

与 LED 类似，使用 gpiod_line_request_input( ) 函数将开关连接的 GPIO 管脚配置为输入模式，即可读取该管脚连接的开关的状态。代码如下：

```
// 获取开关 GPIO 管脚
  switch_line = gpiod_chip_get_line(chip, SWITCH_GPIO_PIN);
  if (!switch_line) {
    perror("gpiod_chip_get_line (Switch)");
    gpiod_line_release(led_line);
    gpiod_chip_close(chip);
    return 1;
  }
   // 配置开关 GPIO 为输入模式
  ret = gpiod_line_request_input(switch_line, "my_switch");
  if (ret < 0) {
```

```
        perror("gpiod_line_request_input (Switch)");
        gpiod_line_release(switch_line);
        gpiod_line_release(led_line);
        gpiod_chip_close(chip);
        return 1;
    }
```

3. 读取开关状态，控制 LED 灯亮灭

在检测开关状态程序中，引入一个无限循环，在这个循环中不断读取开关的状态，并根据状态来控制 LED 灯。即使用 gpiod_line_get_value( ) 函数读取开关 GPIO 管脚的状态（0 表示关闭，1 表示打开），然后使用 gpiod_line_set_value( ) 函数设置 LED GPIO 管脚的值（0 表示关闭 LED 灯，1 表示打开 LED 灯）。当开关打开时，LED 灯亮起；当开关关闭时，LED 灯熄灭。

在每次循环的末尾，使用 usleep( ) 函数暂停 0.1 s，可以降低 CPU 的占用率。代码如下：

```
while (1) {
    int switch_state = gpiod_line_get_value(switch_line);
    if (switch_state < 0) {
        perror("gpiod_line_get_value");
        break;
    }
        // 根据开关状态控制 LED 灯
        if (switch_state) {
            gpiod_line_set_value(led_line, 1); // 打开 LED 灯
        } else {
            gpiod_line_set_value(led_line, 0); // 关闭 LED 灯
```

```
    }
    usleep(100000); // 延时以减少 CPU 占用率
}
```

第四节 嵌入式系统能耗优化

考核知识点及能力要求：

- 了解嵌入式系统能耗优化手段。
- 了解嵌入式开发系统低功耗硬件设计。
- 了解嵌入式系统能耗优化的软件实现。

在嵌入式系统的实际应用中，许多设备需要使用电池进行供电，如智能手表、眼镜等可穿戴设备，对设备的体积和重量指标要求十分严格，无法配置较大的电池；智能水表、气表、无线传感器系统等需要长期在恶劣环境下无维护运行的设备，所载电池需连续支持系统数年时间的正常运行；性能更强、功能更多的手持式 POS 机、便携式仪表等设备，需要具有较多的附属功能和足够强的处理性能，电池必须具有足够的驱动能力。因此，这些应用场景都要求嵌入式系统必须具有低功耗属性。

直接接入供电系统的嵌入式设备，如工业设备、家用电器、监控系统等也需要低功耗设计。更高的功耗意味着需要更强的电源驱动能力，大功率系统通常会有较高的发热量，在更高的温度下工作，必然导致嵌入式系统使用寿命缩短。另外，系统功耗高，电路中流动的电流会更大，将会提高元器件损坏的概率。

在硬件层面，嵌入式系统可以通过选择低功耗的处理器和组件（如低功耗的微控制器、集成电路等）实现能耗优化。也可通过功耗管理技术，如动态电压频率调整、时钟门控、睡眠模式等，根据系统的负载情况调整功耗的需求。或者采用高效的电源管理电路，减少电源损耗，提高供电效率。

在软件层面，可以采用低功耗算法，编写低功耗的软件算法，如使用低功耗的传感器数据采集方法、优化的数据处理和计算方法等。利用休眠模式降低系统的功耗，在空闲或低负载状态下将处理器和其他组件切换到低功耗模式。合理的任务调度和优先级管理可以减少不必要的功耗开销，确保只有必要的任务在运行时处理器和其他组件才处于活跃状态。优化数据传输协议、降低通信频率、使用低功耗的通信模块等方式也可减少通信过程中的功耗消耗。存储器设备可以使用低功耗型，通过合理管理数据存储和读取操作，减少不必要的存储器访问次数。

一、低功耗型微控制器

为了适应市场上对低功耗嵌入式系统的需求，微控制器厂商推出适用低功耗设计的微控制器，如某 32 位微处理器中的 L 系列芯片就代表低功耗。

（一）低功耗模式

以某 32 位微处理器中的 L 系列芯片为例，它的休眠模式有睡眠、停机、待机三种。睡眠模式下，内核停止，外围器件保持运行状态，如 RTC 会一直运行；停机模式下，所有的时钟停止，电源低功耗运行；待机模式下，内核会断电。

三种低功耗模式的特点见表 1–5。

表 1–5　三种低功耗模式的特点

<table>
<tr><th>模式</th><th>进入</th><th>唤醒</th><th>对 1.8 V 区域时钟的影响</th><th>对 V_{DD} 区域时钟的影响</th><th>电压调节器</th></tr>
<tr><td rowspan="2">睡眠</td><td>WFI</td><td>任一中断</td><td rowspan="2">CPU 时钟关，对其他时钟和 ADC 时钟无影响</td><td rowspan="2">无</td><td rowspan="2">开</td></tr>
<tr><td>WFE</td><td>唤醒事件</td></tr>
</table>

续表

模式	进入	唤醒	对 1.8 V 区域时钟的影响	对 V_{DD} 区域时钟的影响	电压调节器
停机	PDDS 位和 LPDS 位 +SLEEPDEEP 位 +WFI 或 WFE	任一外部中断（在外部中断寄存器中设置）	关闭所有 1.8 V 区域的时钟	HSI 和 HSE 的振荡器关闭	开启或处于低功耗模式（依据电源控制寄存器（PWR_CR）的设定）
待机	PDDS 位 + SLEEPDEEP 位 + WFI 或 WFE	WKUP 引脚的上升沿、RTC 闹钟事件、NRST 引脚上的外部复位、IWDG 复位			关

另外，作为一款专为低功耗应用设计的微控制器，它还特别具备两种低功耗模式。低功耗运行模式下，系统处于低电压模式，时钟频率限制在低频，部分外设的使用也受限。低功耗睡眠模式下，内核停止，时钟频率受限，部分外设运行，电源适配器处于低功耗模式，RAM 断电，Flash 停止。

（二）低功耗片上外设

低功耗型微控制器往往对一些片上硬件外设进行了低功耗设计，如低功耗实时时钟单元。另外，低功耗型微控制器可能还集成了液晶显示器（liquid crystal display，LCD）段码控制单元。鉴于嵌入式开发中常用的 OLED 显示器、LCD 显示器、LED 点阵显示器功耗过高，使它们无法应用在低功耗嵌入式系统中或在系统中的点亮时间受到严格限制。这种情况下，低功耗 LCD 段码显示无疑是一种可行设计方案。在其他低功耗微控制器中，还常见低功耗串行接口、低功耗定时器等低功耗片上外设。

二、低功耗硬件设计

（一）电源管理

低功耗设计要求系统的功能模块功耗尽量低，但在实际操作中会发现某些外设模块或者电子器件功耗过高，这时可使用 MOS 管控制该模块电源通断，需要这些模块运行时给予供电，不需要它们运行时则关闭这部分电源。当需要电源控制的模块较多或者对嵌入式系统体积等设计指标较苛刻时，可以选用专用的电源管理芯片实现电源管理。这些专用电源管理芯片支持电源关断控制，使微控制器可根据不同功耗策略实现电源管理。

（二）低功耗电子元器件

选用自身功耗较低的电子元器件也是嵌入式系统实现低功耗的重要途径。低功耗电子元器件包括低压降稳压器、存储器、模拟电路、数字电路、传感器等，与电子产品的实际功能所依赖的硬件紧密相关。

（三）微控制器引脚配置

1. 空闲引脚

微控制器空闲引脚如果没有配置，一般默认为浮空输入状态。这些引脚在相邻引脚或电路板走线的影响下，很可能在输入高、低状态下频繁跳变，将会产生很高的能源消耗。因此在低功耗需求下，需要对这些引脚进行上拉或者下拉处理。

2. 与外设相连引脚

外设进入低功耗状态后，外设引脚为高电平，则将此引脚配置为上拉输入；外设引脚为低电平，则将此引脚配置为下拉输入。

3. 上下拉电阻值

在满足可靠性的前提下，上下拉电阻应尽量选择较大的阻值。

4. 外部晶体引脚

使用外部晶体时，其引脚要严格按照芯片供应商的推荐方式配置。

5. 调试接口

关闭调试接口，设置为普通 I/O 口。

三、低功耗软件设计

（一）核心思路

嵌入式微控制器低功耗软件设计的核心思路有三点。一是保证芯片处理器在空闲状态下进入合适的低功耗模式；二是片上外设和外设功能模块只在必要时通电运行；三是优化程序逻辑、算法，降低软件运行对整体系统的负载。

（二）低功耗设计

以 RK3568 芯片的低功耗设计为例，针对基于 RK3568 的 Linux 操作系统低功耗设计和低功耗模式，可以采用以下策略。

1. 内核配置和优化

确保使用支持 RK3568 的最新 Linux 内核版本，并启用相关的电源管理功能，如 CPUFreq、CPUIdle、电源管理策略等。针对 RK3568 的特性进行内核配置和优化，包括调整 CPU 频率、电压、设备驱动的功耗管理策略等。

2. 设备驱动优化

确保所有设备驱动程序都正确支持低功耗模式，并能够正确处理设备的状态转换和唤醒。针对 RK3568 的设备特性，优化设备的功耗管理策略，合理设置设备的工作状态和休眠时间。

3. 电源管理框架配置

使用 ACPI 或 DeviceTree 等电源管理框架，统一管理系统中各个设备和接口的电源状态，实现全面的功耗管理。配置合适的电源管理策略，根据系统需求选择适当的休眠模式和节能模式。

4. 系统休眠策略

设计系统的休眠策略，选择适合 RK3568 开发板的低功耗模式，如睡眠（suspend-to-RAM）或休眠（suspend-to-disk）。进入低功耗模式前，关闭不必要的设备，最大限度降低功耗。

5. 节能工具和库应用

使用节能工具和库对系统进行能耗分析和调优，如 PowerTOP、TLP 等，识别系统中的功耗热点并提出优化建议。根据工具的输出结果，优化系统配置和调整功耗管理策略，以降低功耗并提高系统的能效。

6. 定制化开发和优化

针对 RK3568 开发板的硬件特性和应用场景，进行定制化开发和优化，可能涉及修改内核源代码、编写定制的设备驱动程序等工作。根据具体需求，设计和实现适合 RK3568 开发板的低功耗模式，保证系统在低功耗模式下的稳定性和高效能耗管理。

综上所述，基于 RK3568 开发板的 Linux 操作系统低功耗设计和低功耗模式需要综合考虑硬件、软件、电源管理等多个方面的因素，进行系统性的优化和调试，以实现系统在低功耗模式下的稳定运行和高效能耗管理。

思考题

1. 嵌入式 Linux 操作系统可以分为哪几个类型，具体包括哪些系统？
2. Linux 操作系统的特点是什么？
3. 嵌入式微控制器低功耗软件设计的核心思路是什么？

第二章
实时操作系统应用开发

嵌入式系统是一种专门为嵌入式开发设计的操作系统，它具有小巧、高效、实时性强等特点。嵌入式系统中常用的实时操作系统是一种能够保证任务完成时间的操作系统，该类系统能够保证任务在规定的时间内得到响应，确保系统对实时性要求高的任务能够准确、及时完成，具有较强的稳定性和可靠性，能够保证系统在长时间运行中不会出现故障或崩溃；系统设计精简，占用系统资源少，适合嵌入式系统这种资源受限的环境，能够提供多种任务调度算法，能够根据任务的优先级和时间要求进行有效调度，具有高效率。实时操作系统广泛应用于工厂自动化控制系统、汽车电子系统、医疗设备控制、无线通信和网络通信等设备中。

- **职业功能：**物联网感知控制开发。
- **工作内容：**实时操作系统应用开发。
- **专业能力要求：**根据物联网业务特性，选取合适的嵌入式实时操作系统，并搭建开发环境；能基于嵌入式实时操作系统，完成网络通信应用开发；能基于嵌入式实时操作系统，完成多任务程序开发。
- **相关知识要求：**嵌入式实时操作系统知识。

第一节　嵌入式实时操作系统

考核知识点及能力要求：

- 了解 FreeRTOS 操作系统的原理和特点。
- 掌握 FreeRTOS 操作系统的移植方法。

一、实时操作系统介绍

目前有许多适用于嵌入式系统的小型实时操作系统。这些系统以 FreeRTOS（开源软件）、μC/OS-II（半开源）操作系统为代表，共同特点是轻量级、高效率、实时性强、可裁剪性和可移植性强。

（一）FreeRTOS 操作系统特点

FreeRTOS 操作系统是一款功能强大、稳定可靠的嵌入式实时操作系统，具有小巧、高效、易移植等特点，适用于各种嵌入式系统开发，特别是对实时性能和资源占用有较高要求的应用。它可以在多种处理器架构和硬件平台上运行，支持 ARM、x86、MIPS 等主流处理器，并提供丰富的移植层接口，方便移植到不同的硬件平台。除此之外，FreeRTOS 操作系统还具有多任务管理、定时器和时间管理、低功耗模式支持等功能，为嵌入式系统和物联网设备的开发奠定了坚实的基础。在众多实时操作系统中，FreeRTOS 操作系统以其出色的可移植性、灵活的可裁减性以及高效的调度策略脱颖而出，使得它能够轻松适配各类单片机并稳定运行。

（二）FreeRTOS 操作系统相关概念

1. 时间片

时间片又称为“处理器片”，是分时操作系统分配给每个正在运行的进程微观上的一段 CPU 时间。一个单核计算机系统物理上只有一个处理器，同一时间只会有一段程序被处理。但实际应用又希望计算机系统允许运行多个进程，同时运行多个任务。在只考虑一个 CPU 的情况下，这些任务看起来像是同时运行的，实则是轮番穿插地运行。操作系统将 CPU 时间分成很短的时间片，每个时间片只运行一个任务，如 CPU 时间片 1 运行任务 A，CPU 时间片 2 运行任务 B，CPU 时间片 3 运行任务 C，如此循环往复。由于 CPU 时间片通常被划分得很短，站在用户的视角看，三个任务仿佛在同时运行。

2. 实时性

很多人认为用户的应用程序能够快速响应的操作系统就是实时系统，但从更严谨的层面上来说，快速响应只是有用的性能，对于许多实时系统，它却是非必要的。实时系统是能够在被控对象规定时间内处理来自外部事件的系统。这里的重点是“被控对象规定时间”，实时是一个相对的概念，而不是绝对时间。

假设有一个蔬菜大棚自动供暖系统 A，它需要保证蔬菜被冻伤前启动暖气，提升大棚温度。这个系统每 30 min 评估一次大棚温度，以决定是否需要启动暖气。实际测试中，系统 A 很好地完成了这个任务。另有一个应急排水系统 B，它需要保证在暴雨来临时及时启动水泵排水，以保证地下车库不会被淹。这个系统每 10 min 检测一次车库水位，以决定是否需要启动水泵。但在实际运行中，因为当地降水量大、降水集中，水泵虽然在 10 min 内启动排水，但还是没有阻止车库被淹。经过对比，虽然系统 A 的响应时间是系统 B 的 3 倍，但系统 A 可以被称为实时系统，而系统 B 不能被称为实时系统。

二、实时操作系统移植

以下介绍实时系统移植步骤，硬件设备以 32 位单片机为例，实时操作系统以 FreeRTOS 操作系统为例。

（一）准备工作

下载 FreeRTOS 操作系统的源码，源码通常包含用于不同架构和编译器的移植文件。

安装集成开发环境，如 Keil μVision、STM32CubeIDE 等工具。确保已安装必要的驱动程序和调试工具。

（二）系统移植

用 STM32CubeMX IDE 工具创建工程，选择对应芯片，在配置项中配置一路串口（用来打印日志），并将系统时钟配置为 72 MHz，生成基础工程。基础工程生成后，在工程目录下创建 OsCore 文件夹，用来存放系统核心源码，并创建 OsApp 文件夹，用来存放系统初始化文件、用户任务创建的文件、系统配置文件等，如图 2–1 所示。

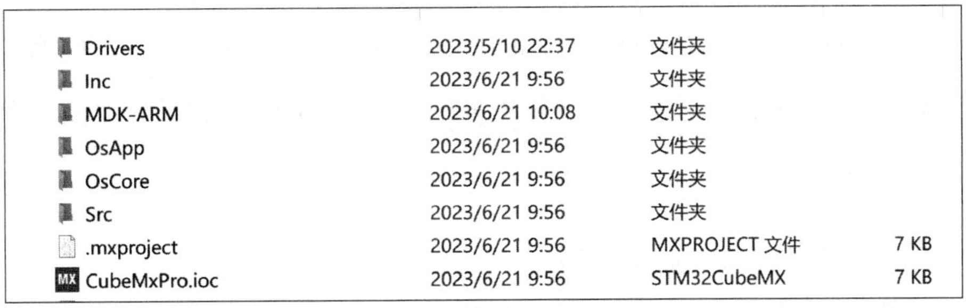

图 2–1　创建文件夹

（三）源码文件结构

将 FreeRTOS 操作系统源码中的 Demo\CORTEX_STM32F103_Keil 目录下的 FreeRTOSConfig.h 文件和 main.c 文件拷贝到 OsApp 目录下，并将 main.c 文件重命名为 rtos_main.c，以测试验证样例源码，如图 2–2、图 2–3 所示。

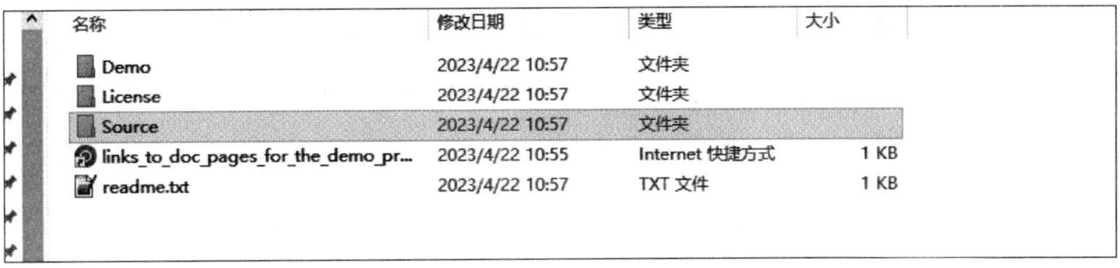

图 2–2　FreeRTOS 操作系统源码文件结构

图 2-3　需要拷贝的文件位置

FreeRTOS 操作系统源码文件中，Source 文件夹可以查看系统核心源码，Source\include 目录下的文件可以查看核心源码的头文件。Source\portable 目录下的文件中，不同平台对应的底层操作源码。将 Source 文件夹中如图 2-4 所示的文件拷贝至工程目录的 OsCore 文件夹下。

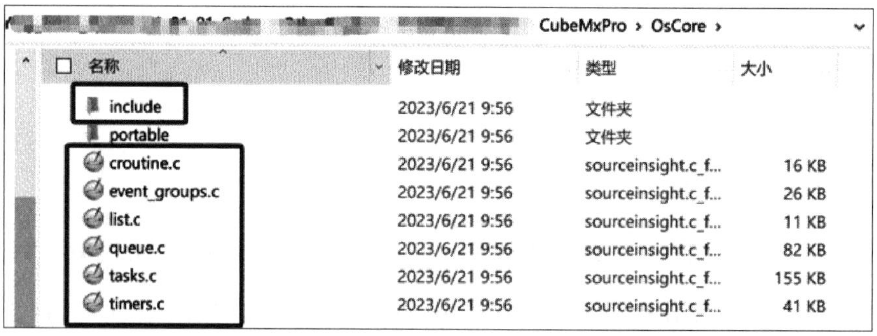

图 2-4　需拷贝到 OsCore 文件夹下的文件

在 FreeRTOS 操作系统源码 Source\portable 目录下，如图 2-5 所示，点击进入目录 MemMang 文件中，只选择 heap_4.c 文件作为管理方案文件，放入对应的工程目录 OsCore\portable\MemMang 下。从 RVDS 目录下拷贝 ARM_CM3 文件夹，放到对应的工程 OsCore\portable\RVDS 的目录下。

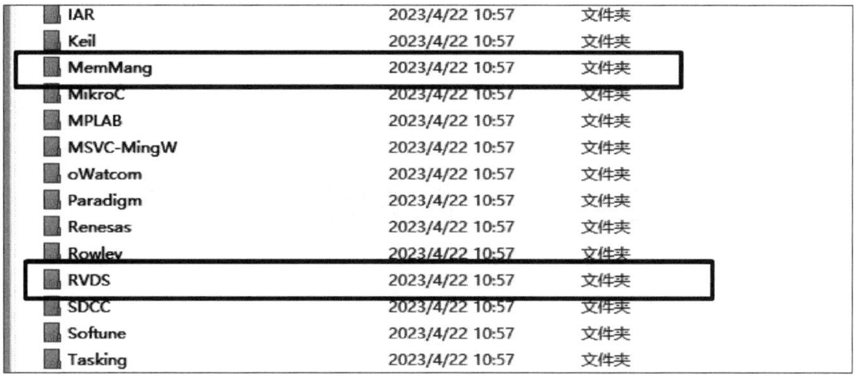

图 2–5　Source\portable 目录下的文件

（四）RTOS 配置

使用 Keil μVision 软件，可以查看 FreeRTOSConfig.h 中系统时钟、滴答时钟频率、用户堆总大小等信息，如图 2–6 所示。

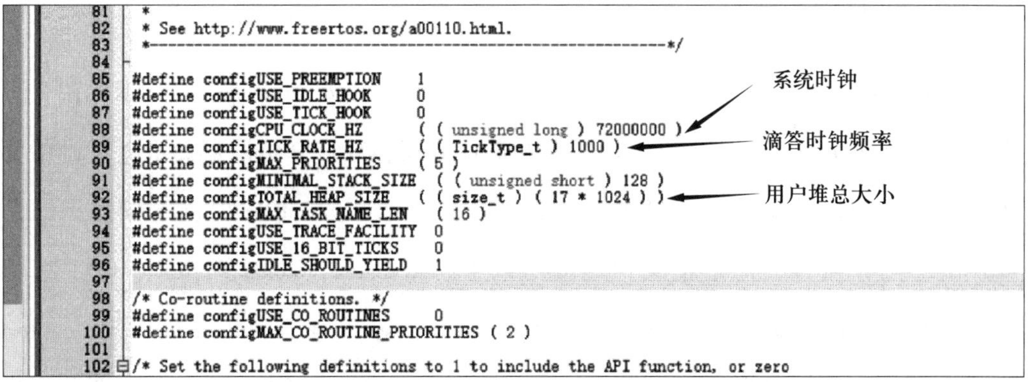

图 2–6　配置文件

在编译环境中对文件进行编译，没有提示错误即编译成功。

第二节　网络通信应用开发

考核知识点及能力要求：

- 了解 TCP/IP 协议基础概念。
- 掌握套接字接口函数使用方法。

一、网络通信基础

传输控制协议/网际协议（transmission control protocol/internet protocol，TCP/IP）是用于已连接到互联网的计算机进行通信的通信协议。TCP/IP 协议定义了电子设备如何连入互联网，以及数据如何在它们之间传输的标准。TCP/IP 协议不仅仅指的是 TCP 和 IP 两个协议，而是指文件传输协议（file transfer protocol，FTP）、电子邮件传输协议（simple mail transfer protocol，SMTP）、传输控制协议（transmission control protocol，TCP）、用户数据报文协议（user datagram protocol，UDP）、网络层互联网协议（internet protocol，IP）等协议构成的协议簇，只是因为在协议簇中 TCP 协议和 IP 协议[①] 最具代表性，所以被称为 TCP/IP 协议。

TCP 协议负责应用软件和网络软件之间的通信，IP 协议负责计算机之间的通信。TCP 协议负责将数据分割并装入 IP 包，然后在它们到达时重新组合，IP 协议负责将包发送至接收者。

① TCP 协议、IP 协议等为计算机行业习惯用语。

（一）IP 协议

IP 协议是整个 TCP/IP 协议簇的核心，也是构成互联网的基础。IP 协议位于 TCP/IP 模型的网络层，对上它可以向传输层提供各种协议的信息，如 TCP 协议、UDP 协议等；对下它可将 IP 信息包放到链路层，通过以太网、令牌环网等各种技术来传送。为了适应异构网络，IP 协议强调适应性、简洁性和可操作性，而在可靠性方面做出一定的牺牲。IP 协议不保证分组的交付时限和可靠性，所传送分组可能会出现丢失、重复、延迟或乱序等问题。

IP 地址是 IP 协议提供的一种统一的地址格式，它为互联网上的每一个网络和每一台主机分配一个逻辑地址，以此屏蔽物理地址的差异。IP 地址被用来给 Internet 上的计算机一个编号，如果把“个人计算机”比作“一台电话”，那么“IP 地址”就相当于“电话号码”。

（二）TCP 协议

TCP 协议即传输控制协议，是一种面向连接的、可靠的、基于字节流的通信协议。TCP 协议规定每发出一个数据包都要求确认，如果有一个数据包丢失，就收不到确认信息，发送方就必须重发这个数据包。为了保证传输的可靠性，TCP 协议建立了三次对话的确认机制，即在正式收发数据前，必须和对方建立可靠的连接。TCP 数据包由首部和数据两部分组成，没有长度限制，理论上可以无限长，但是为了保证网络的效率，通常 TCP 数据包的长度不会超过 IP 数据包的长度，以确保单个 TCP 数据包不必再分割。

（三）端口号

客户端可以通过 IP 地址找到对应的服务器端，但是服务器端有很多端口，每个应用程序对应一个端口号，通过类似门牌号的端口号，客户端才能真正访问到该服务器。为了对端口进行区分，将每个端口进行了编号，这就是端口号。端口号是一个 16 位的数字，常用的端口号共 1 024（0 ~ 1 023）个，被称为“固定端口”或“系统端口”，常用于特定的服务器或应用程序。常见的固定端口包括超文本传输协议（hypertext transfer protocol，HTTP）的 80 端口、文件传输协议的 21 端口、安全外壳协议（secure shell，SSH）的 22 端口、简单邮件传输协议（simple mail transfer protocol，SMTP）的25端口、域名系统（domain name system，DNS）的53端口、简单文件传输协议（trivial file transfer protocol，TFTP）的69端口、远程终端协议的23端口、超文本传输安全协议（hypertext transfer protocol secure，HTTPS）的443端口等。

二、套接字编程接口

（一）套接字

套接字（socket）是一种用于实现网络通信的编程接口（application programming interface，API），它提供了一种标准化的方式，使得不同操作系统和编程语言之间的应用程序能够相互通信。socket 就像电话插座，负责连通两端的电话，让电话可以进行点对点通信，端口就像插座上的孔，不能同时被其他进程占用。而建立连接就像把插头插在插座上，创建一个 socket 实例开始监听后，电话插座就时刻监听着消息的传入，谁拨通这个“IP 地址和端口”，就接通谁。

socket 是在应用层和传输层之间建立的一个抽象层，它把 TCP/IP 层复杂的操作抽象为几个简单的接口，供应用层调用实现进程在网络中的通信，进程间通信就被称为文件描述符（file desciptor）。socket 实现了“打开—读 / 写—关闭”模式，服务器和客户端各自维护一个“文件”，在建立连接打开后，可以向文件写入内容供对方读取或者读取对方内容，通信结束时关闭文件。socket 通信可以解决以下几个问题。

1. 进程间通信

在同一台计算机上，不同进程之间需要进行通信，socket 提供了一种标准化的接口，使得进程之间可以通过网络进行通信。

2. 跨平台通信

不同的计算机、操作系统和编程语言之间需要进行通信，socket 提供了一种可移植的接口，使应用程序可以在不同的平台上运行并进行通信。

3. 网络通信安全性

网络通信中存在信息泄露、数据篡改、拒绝服务攻击等安全问题，socket 可以通过加密、身份认证、防火墙等方式提高网络通信的安全性。

4. 通信协议

socket 提供了一种灵活的通信协议，可以根据需要选择不同的协议来满足特定的通信需求，如 TCP、UDP 等协议。

（二）套接字编程接口

1. socket( ) 函数

socket( ) 函数用于创建套接字，参数 domain 表示协议簇。参数 type 指定了 socket 类型。参数 protocol 用于指定协议。函数如下：

```
int socket(int domain, int type, int protocol);
```

2. bind( ) 函数

服务器端要用 bind( ) 函数将套接字与特定的 IP 地址和端口绑定起来，只有这样，流经该 IP 地址和端口的数据才能交给套接字处理，函数原型为：

```
int bind(int sock, struct sockaddr *addr, socklen_t addrlen);
```

sock 为 socket 文件描述符，addr 为 sockaddr 结构体变量的指针，addrlen 为 addr 变量的大小，可由 sizeof( ) 计算得出。sockaddr 结构体的定义如下：

```
struct sockaddr{
  sa_family_t  sin_family;  // 地址簇，也就是地址类型
  char            sa_data[14];  //IP 地址和端口号
};
```

要给参数 sa_data 赋值，必须同时指明 IP 地址和端口号，例如：127.0.0.1：8899。

3. connect( ) 函数

类似服务器端要用 bind( ) 函数，客户端也要用 connect( ) 函数建立连接，函数原型为：

```
int connect(int sockfd, struct sockaddr *addr, socklen_t addrlen);
```

4. listen( ) 函数

对于服务器端程序，使用 bind( ) 绑定套接字后，还需要使用 listen( ) 函数让套接字进入被动监听状态，函数原型为：

```
int listen(int sock, int backlog);
```

参数 sock 为需要进入监听状态的套接字，参数 backlog 为请求队列的最大长度。被动监听，是指当没有客户端请求时，套接字处于“睡眠”状态，只有当接收到客户端请求时，套接字才会被“唤醒”来响应请求。

5. accept( ) 函数

服务器调用 listen( ) 函数之后，就会进入监听状态，等待客户端的连接请求，使用 accept( ) 函数获取客户端的连接请求并建立连接，函数原型如下：

```
int accept(int sockfd, struct sockaddr *addr, socklen_t *addrlen);
```

accept( ) 函数通常只用于服务器应用程序中，如果调用 accept( ) 函数时，没有客户端请求连接，此时 accept( ) 函数会进入阻塞状态，直到有客户端连接请求到达为止。当有客户端连接请求到达时，accept( ) 函数与远程客户端之间建立连接，accept( ) 函数返回一个新的套接字。这个套接字与 socket( ) 函数返回的套接字并不同，socket( ) 函数返回的是服务器的套接字，而 accept( ) 函数返回的套接字连接到调用 connect( ) 函数的客户端，服务器通过该套接字与客户端进行数据交互，譬如向客户端发送数据，从客户端接收数据。

6. read( ) 函数和 write( ) 函数

操作系统不区分套接字文件和普通文件，使用 write( ) 函数可以向套接字中写入数据，使用 read( ) 函数可以从套接字中读取数据。两台计算机之间的通信相当于两个套接字之间的通信，在服务器端用 write( ) 函数向套接字写入数据，客户端就能收到，然后使用 read( ) 函数从套接字中读取数据，就完成了一次通信。

write( ) 函数的原型为：

```
ssize_t write(int fd, const void *buf, size_t nbytes);
```

参数 fd 为要写入文件的描述符，参数 buf 为要写入数据的缓冲区地址，参数 nbytes 为要写入数据的字节数。

read( ) 的原型为：

```
ssize_t read(int fd, void *buf, size_t nbytes);
```

参数 fd 为要读取文件的描述符，参数 buf 为要接收数据的缓冲区地址，参数 nbytes 为要读取数据的字节数。

7. recv( ) 函数和 send( ) 函数

recv( ) 函数用于 socket 通信中接收消息，函数原型为：

```
ssize_t recv(int fd, void *buf, size_t nbytes，int flags);
```

recv( ) 函数与 read( ) 函数非常相似，但是多了一个参数 flags。这个参数通常用于控制 recv( ) 函数的行为，提供了一些选项来定制接收操作。通常情况下，可以将其设置为 0，表示不使用额外的选项。

send( ) 函数用于 socket 通信中发送消息，函数原型为：

```
ssize_t send(int fd, void *buf, size_t nbytes，int flags);
```

8. close( ) 函数

当不再需要套接字描述符时，可调用 close( ) 函数来关闭套接字，释放相应的资源。

三、网络通信编程

以在 FreeRTOS 操作系统上移植网络通信为例，在服务器上创建一个 socket 对象，监听客户端的请求，并处理客户端发来的数据。该案例需要调用 lwIP（lightweight IP）库的函数，该库函数全称为轻量级开源 TCP/IP 协议栈，用于嵌入式系统和实时操作系统。它具有可选择的 socket 编程接口，可实现各种网络协议，可以帮助嵌入式设备实现网络通信功能。

（一）通信执行流程

1. 服务器端初始化

调用 server_init( ) 函数创建服务器任务。在服务器任务中创建一个 socket 并绑定到指定端口，然后开始监听客户端的连接请求。

2. 客户端初始化

调用 client_init( ) 函数创建客户端任务。在客户端任务中创建一个 socket，并尝试连接到服务器指定的 IP 地址和端口。

3. 服务器端接收连接

在服务器任务中，使用 lwip_accept( ) 函数接受客户端的连接请求，返回一个新的 socket 用于与客户端通信。

4. 客户端发送数据

在客户端任务中，使用 lwip_send( ) 函数发送数据到服务器端。

5. 服务器端接收数据

在服务器任务中，使用 lwip_recv( ) 函数接收来自客户端的数据。

6. 数据处理

在服务器任务中，可以对接收到的数据进行处理或其他操作。

7. 关闭连接

在客户端和服务器任务中，使用 lwip_close( ) 函数关闭 socket 连接。

（二）代码编写

1. 设置服务器任务函数

设置服务器任务函数的代码如下：

```
void server_task(void *pvParameters) {
    int server_socket, client_socket;  // 服务器 socket、客户端 socket
    struct sockaddr_in server_addr, client_addr; // 服务器地址结构体、客户端地址结构体
    socklen_t client_addr_len;  // 客户端地址结构体长度
    char buffer[BUFFER_SIZE];  // 用于接收客户端数据的缓冲区
```

2. 创建服务器 socket

使用 lwip_socket( ) 函数创建一个 IPv4 的 TCP socket。如果创建失败，输出错误信息并删除当前任务。代码如下：

```
server_socket = lwip_socket(AF_INET, SOCK_STREAM, 0);
if (server_socket < 0) {
    printf("Error creating server socket\n");
    vTaskDelete(NULL);
}
```

3. 配置服务器地址

其中 sin_family 是协议簇；sin_port 表示服务器监听的端口号；sin_addr.s_addr 表示服务器 IP 地址，INADDR_ANY 表示可以接收任意 IP 地址的连接。代码如下：

```
server_addr.sin_family = AF_INET;
server_addr.sin_port = htons(SERVER_PORT);
server_addr.sin_addr.s_addr = htonl(INADDR_ANY);
```

4. 将服务器地址绑定到创建的 socket

如果绑定失败，输出错误信息，关闭 socket 并删除当前任务。代码如下：

```
if (lwip_bind(server_socket, (struct sockaddr *)&server_addr, sizeof(server_addr)) < 0)
{
    printf("Error binding server socket\n");
    lwip_close(server_socket);
    vTaskDelete(NULL);
}
```

5. 监听客户端连接请求

参数 LISTEN_BACKLOG 指定了同时等待处理的最大连接数量。如果监听失败，输出错误信息，关闭 socket 并删除当前任务。代码如下：

```
if (lwip_listen(server_socket, LISTEN_BACKLOG) < 0) {
  printf("Error listening on server socket\n");
  lwip_close(server_socket);
  vTaskDelete(NULL);
}
```

6. 进入循环等待客户端连接

在 FreeRTOS 中创建一个无限循环的网络通信监听任务，服务器等待客户端的连接请求。当有客户端连接请求时，使用 lwip_accept( ) 函数接收连接，并返回一个新的 socket 用于和客户端通信。如果接收失败，输出错误信息并继续等待下一个连接请求。代码如下：

```
void StartTask01(void const * argument)
{
 for(;;)
 {
    client_addr_len = sizeof(client_addr);
    client_socket = lwip_accept(server_socket, (struct sockaddr *)&client_addr,
&client_addr_len);
    if (client_socket < 0) {
      printf("Error accepting client connection\n");
      continue;
    }
    osDelay(10);
 }
}
```

7. 接收客户端发送的数据并处理

建立另一个任务，接收并处理客户端发送的数据。一旦接收到客户端的连接，并且接收到客户端发送的数据，就使用 lwip_recv( ) 函数接收数据，存储在 buffer 中。如果接收成功，则可以对数据进行处理，或执行其他操作。代码如下：

```
void StartTask02(void const * argument)
{
 for(;;)
 {
int recv_len = lwip_recv(client_socket, buffer, BUFFER_SIZE, 0);
if (recv_len > 0)
        printf("Received data from client: %s\n", buffer);
        osDelay(10);
 }
}
```

第三节　多任务程序开发

考核知识点及能力要求：

- 了解实时操作系统中任务的基本概念和特点。
- 了解多任务程序开发的基础知识。
- 了解多任务通信方式。
- 掌握多任务通程序开发方法。

一、实时操作系统中任务的基本概念和特点

在 FreeRTOS 操作系统中，任务（task）是系统中的最基本执行单元，相当于操作系统中的进程。任务是由 FreeRTOS 内核进行调度和管理的，每个任务都有自己的程序计数器，可以独立运行并与其他任务并发执行。

在嵌入式开发中，FreeRTOS 操作系统中的任务具有以下特点。第一个特点是实时性，FreeRTOS 是一个实时操作系统，任务调度是基于优先级的抢占式调度，可以满足嵌入式系统对实时性的需求。第二个特点是独立性，每个任务都具有独立的执行流程和堆栈空间，任务之间相互隔离，不会相互干扰。第三个特点是轻量级，FreeRTOS 任务的管理是轻量级的，内存和处理器开销较小，适合嵌入式系统的资源受限环境。第四个特点是灵活性，开发者可以根据需要创建多个任务，并根据任务的优先级和系统的需求灵活调整任务的执行顺序。

二、多任务程序开发的基础知识

多任务程序开发是指在一个系统中同时运行多个任务（或进程、线程），这些任务可以同时运行或交替运行。FreeRTOS 操作系统就是一个支持多任务的操作系统，它比单任务系统的功能更强。当多任务操作系统使用某种任务调度策略允许两个或更多进程并发共享一个处理器时，事实上处理器在某一时刻只会给一个任务提供服务。由于任务调度机制保证了任务之间的切换速度非常快，因此给人多个任务同时运行的错觉。

（一）任务的组成

每个任务在 FreeRTOS 系统中都有一个任务控制块（task control block，TCB），用于存储任务的状态信息、堆栈指针、优先级等。任务控制块由 FreeRTOS 内核进行管理。

每个任务都有自己的堆栈空间，用于保存任务执行时的临时变量、函数调用信息等。堆栈的大小可以在任务创建时指定。

（二）任务号

在 FreeRTOS 系统中，任务并没有独立的标识号，而是通过指向任务控制块的指针来引用任务，因此任务号（task handle）是指向任务控制块的指针，用于标识和引用任务。通过任务号，可以对任务进行挂起、删除、查询状态等操作。

（三）任务优先级

每个任务都有一个优先级，用于决定任务在就绪态时被调度的顺序。优先级高的任务会被优先执行。FreeRTOS 系统中的任务优先级从 0 到 configMAX_PRIORITIES-1，0 为最低优先级。

（四）子任务

在 FreeRTOS 系统中，任务之间可以通过任务通信机制实现协作和同步。一个任务可以创建和管理多个子任务（subtask），子任务在父任务的上下文中执行。通过任务通信机制，父任务可以与子任务进行数据交换和同步操作。

（五）任务状态

FreeRTOS 系统中任务状态（task state）包括就绪态（ready）、运行态（running）、阻塞态（blocked）和挂起态（suspended）。就绪态是指任务已经准备好执行，等待 FreeRTOS 内核调度执行。运行态是指任务正在执行，占用 CPU 资源。阻塞态是指任务由于等待事件发生或延时而暂时无法执行。挂起态是指任务被手动挂起，暂停执行。

（六）任务创建和删除

FreeRTOS 系统中使用 xTaskCreate( ) 函数创建任务，并传入任务函数、堆栈大小、优先级等参数。函数如下：

```
BaseType_t xTaskCreate(TaskFunction_t pvTaskCode,
            const char *const pcName,
            const configSTACK_DEPTH_TYPE usStackDepth,
            void *const pvParameters,
            UBaseType_t uxPriority,
            TaskHandle_t *const pxCreatedTask );
```

参数 pvTaskCode 是指向要执行的任务函数的指针。pcName 是一个描述任务名称的字符串，便于识别和调试。usStackDepth 是任务使用的堆栈大小参数，以字节为单位，可以根据任务的需求进行调整。pvParameters 是传递给任务函数的参数，可以是任意类型的数据，由任务函数使用。uxPriority 是任务的优先级参数，数值越小优先级越高。通常使用预定义的宏来设置优先级，如 tskIDLE_PRIORITY+1。pxCreatedTask 是用于存储新创建任务的句柄的指针。如果不需要获取句柄，则可以传入 NULL。

使用 vTaskDelete( ) 函数删除任务，释放任务占用的资源。函数如下：

```
void vTaskDelete( TaskHandle_t xTaskToDelete );
```

参数 xTaskToDelete 是要删除的任务的句柄，通过 xTaskCreate( ) 函数创建任务时返回。

（七）任务挂起和恢复

使用 vTaskSuspend( ) 函数挂起任务，函数如下：

```
void vTaskSuspend( TaskHandle_t xTaskToSuspend );
```

参数 xTaskToSuspend 是要挂起的任务的句柄，通过 xTaskCreate( ) 函数创建任务时返回。

使用 vTaskResume( ) 函数恢复任务，函数如下：

```
void vTaskResume( TaskHandle_t xTaskToResume );
```

参数 xTaskToResume 是要恢复执行的任务的句柄，通过 xTaskCreate( ) 函数创建任务时返回。

总的来说，在 FreeRTOS 系统中，任务是基本的执行单元，具有自己的状态、堆栈和优先级。开发者可以利用 FreeRTOS 系统提供的 API 函数来创建、管理和调度任务，实现系统中不同功能模块的并发执行和协作。

三、多任务通信方式

在 FreeRTOS 操作系统中，多任务通信是实现任务之间数据交换、同步和互斥访问的重要机制。FreeRTOS 操作系统提供了多种方式来实现任务间的通信，包括消息队列、信号量、互斥量等。下面介绍在 FreeRTOS 系统中常用的多任务通信方式。

（一）消息队列

消息队列（queue）是一种先进先出（first in first out，FIFO）的数据结构，用于在任务之间传递数据。任务可以向队列发送消息或从队列接收消息。FreeRTOS 系统中使用 xQueueCreate( ) 函数创建消息队列，使用 xQueueSend( ) 函数和 xQueueReceive( ) 函数向队列发送和接收消息。

相关函数的主要组成和功能如下。

1. xQueueCreate( ) 函数

xQueueCreate( ) 函数用于创建一个空的消息队列，并返回指向该队列的句柄（Queue Handle）。函数如下：

```
    QueueHandle_t xQueueCreate(UBaseType_t uxQueueLength, UBaseType_t
uxItemSize)
```

参数 uxQueueLength 表示队列中消息的最大个数，uxItemSize 表示每个消息的大小（以字节为单位）。

2. xQueueSend( ) 函数

xQueueSend( ) 函数用于向消息队列发送一条消息。如果队列已满且等待超时，则返回错误码 pdFAIL；否则返回 pdPASS。函数如下：

```
    BaseType_t xQueueSend(QueueHandle_t xQueue, const void * pvItemToQueue,
TickType_t xTicksToWait)
```

参数 xQueue 表示消息队列句柄，pvItemToQueue 表示要发送的消息的指针，xTicksToWait 表示等待发送操作完成的最长时间（以 tick 为单位，可以设为 0 表示不等待）。

3. xQueueReceive( ) 函数

xQueueReceive( ) 函数用于从消息队列中接收一条消息。如果队列为空且等待超时，则返回错误码 pdFAIL；否则返回 pdPASS，同时将接收到的消息存储在 pvBuffer 指向的缓冲区中。函数如下：

```
BaseType_t xQueueReceive(QueueHandle_t xQueue, void * pvBuffer, TickType_t
xTicksToWait)
```

参数 xQueue 表示消息队列句柄，pvBuffer 表示接收消息的缓冲区的指针，xTicksToWait 表示等待接收操作完成的最长时间（以 tick 为单位，可以设为 0 表示不等待）。

通过以上函数可以实现向队列发送和接收消息，以便开发者实现任务间的数据交换和同步操作。需要注意的是，消息队列的大小和每个消息的大小应该根据实际需求来进行配置，避免队列溢出或浪费内存空间。

（二）信号量

信号量（semaphore）用于控制对共享资源的访问，防止多个任务同时访问造成数据混乱。信号量可以是二进制信号量（binary semaphore）或计数信号量（counting semaphore）。

FreeRTOS 系统中可以使用 xSemaphoreCreateBinary( ) 或 xSemaphoreCreateCounting ( ) 函数创建信号量，使用 xSemaphoreTake( ) 或 xSemaphoreGive( ) 函数来获取和释放信号量。

相关函数的组成和功能如下。

1. xSemaphoreCreateBinary( ) 函数

xSemaphoreCreateBinary( ) 函数用于创建二进制信号量，即只有两种状态：可用（可获取）和不可用（已被获取）。初始状态为可用。函数如下：

```
SemaphoreHandle_t xSemaphoreCreateBinary(void)
```

2. xSemaphoreCreateCounting( ) 函数

xSemaphoreCreateCounting( ) 函数用于创建计数信号量，可以通过初始计数值设置信号量的初始状态，最大计数值限制了信号量的最大可用数量。函数如下：

```
SemaphoreHandle_t xSemaphoreCreateCounting(UBaseType_t uxMaxCount, UBaseType_t uxInitialCount)
```

参数 uxMaxCount 表示信号量的最大计数值，uxInitialCount 表示信号量的初始计数值。

3. xSemaphoreTake( ) 函数

xSemaphoreTake( ) 函数用于获取（等待）信号量。如果信号量不可用且等待超时，则返回错误码 pdFAIL；否则返回 pdPASS。函数如下：

```
BaseType_t xSemaphoreTake(SemaphoreHandle_t xSemaphore, TickType_t xTicksToWait)
```

参数 xSemaphore 表示信号量句柄，xTicksToWait 表示等待获取信号量的最长时间（以 tick 为单位，可以设为 0 表示不等待）。

4. xSemaphoreGive( ) 函数

xSemaphoreGive( ) 函数用于释放（归还）信号量，使其变为可用状态。如果有任务在等待该信号量，则会唤醒其中一个任务继续执行。函数如下：

```
BaseType_t xSemaphoreGive(SemaphoreHandle_t xSemaphore)
```

参数 xSemaphore 表示信号量句柄。

通过使用以上函数，开发者可以实现任务之间对共享资源的访问控制，保证数据的一致性和正确性。信号量的种类和计数方式可以根据应用需求来选择，灵活应用于各种场景中。

（三）互斥量

互斥量（mutex）用于实现临界区的互斥访问，确保同一时间只有一个任务可以访问共享资源。如果一个任务获得了互斥量，则其他任务需要等待。

FreeRTOS 系统中使用 xSemaphoreCreateMutex( ) 函数创建互斥量，使用 xSemaphoreTake( ) 和 xSemaphoreGive( ) 函数来获取和释放互斥量。

相关函数的主要组成和功能如下。

1. xSemaphoreCreateMutex( ) 函数

xSemaphoreCreateMutex( ) 函数用于创建互斥量，实现任务之间的互斥访问共享资源。互斥量可以确保在同一时刻只有一个任务可以访问被保护的资源。函数如下：

```
SemaphoreHandle_t xSemaphoreCreateMutex(void)
```

2. xSemaphoreTake( ) 函数

xSemaphoreTake( ) 函数用于获取（等待）互斥量。如果互斥量已被其他任务获取，则当前任务会被阻塞等待；一旦获得互斥量，其他任务将无法同时获取，直到释放互斥量。函数如下：

```
BaseType_t xSemaphoreTake(SemaphoreHandle_t xSemaphore, TickType_t
xTicksToWait)
```

参数 xSemaphore 表示互斥量句柄，xTicksToWait 表示等待获取互斥量的最长时间（以 tick 为单位，可以设为 0 表示不等待）。

3. xSemaphoreGive( ) 函数

xSemaphoreGive( ) 函数用于释放（归还）互斥量，使其变为可用状态。一旦释放互斥量，其他任务可以获取该互斥量并继续执行。函数如下：

```
BaseType_t xSemaphoreGive(SemaphoreHandle_t xSemaphore)
```

参数 xSemaphore 表示互斥量句柄。

通过使用以上函数，开发者可以确保在多任务环境中对共享资源进行安全的互斥访问，互斥量是保护共享资源的常用手段，能够提高系统的稳定性和可靠性。

（四）事件标志组

事件标志组（event group）用于将多个事件标志组合在一起，并允许任务等待其中一个或多个特定事件发生。

FreeRTOS 系统中可以使用 xEventGroupCreate( ) 函数创建事件标志组，使用 xEventGroupSetBits( ) 和 xEventGroupWaitBits( ) 函数设置和等待事件标志。这些函数都

是 FreeRTOS 操作系统中用于管理事件标志组的函数，具体介绍如下。

1. xEventGroupCreate( ) 函数

xEventGroupCreate( ) 函数用于创建事件标志组，并返回 EventGroupHandle_t 类型的事件标志组句柄。函数如下：

```
EventGroupHandle_t xEventGroupCreate( void );
```

2. xEventGroupSetBits( ) 函数

xEventGroupSetBits( ) 函数用于设置事件标志组中的一个或多个标志位，以表示某个事件已经发生。函数如下：

```
EventBits_t xEventGroupSetBits( EventGroupHandle_t xEventGroup, const EventBits_t
uxBitsToSet );
```

参数 xEventGroup 是事件标志组句柄，通过 xEventGroupCreate( ) 函数创建并返回。uxBitsToSet 是设置的标志位组合值，使用位操作符将多个标志位组合成一个值。

3. xEventGroupWaitBits( ) 函数

xEventGroupWaitBits( ) 函数用于等待事件标志组中的一个或多个标志位被设置。该函数有三个参数，第一个参数为事件标志组句柄，第二个参数为要等待的标志位组合值，第三个参数用于选择是否清除已被置位的事件标志，第四个参数用于选择是否等待所有的标志位都被设置，第五个参数用于设置等待时间。函数如下：

```
EventBits_t xEventGroupWaitBits( EventGroupHandle_t xEventGroup, const EventBits_
t uxBitsToWaitFor, BaseType_t xClearOnExit, BaseType_t xWaitForAllBits, TickType_t
xTicksToWait );
```

这三个函数共同组成了 FreeRTOS 系统中事件标志组的功能模块，可以通过它们实现多任务之间的事件通知和控制。事件标志组是由若干个二进制标志位组成的，每个标志位表示一个特定的事件，通过位运算符组合标志位来表示不同的事件。任务可以使用 xEventGroupSetBits( ) 函数设置一个或多个标志位，并使用 xEventGroupWaitBits

() 函数等待一个或多个标志位被设置，以实现事件之间的同步和通信。

（五）通知

通知（notification）机制用于任务间的事件通知和同步。任务发送通知给其他任务，以触发特定的动作。

FreeRTOS 系统中使用 xTaskNotify( ) 函数和 ulTaskNotifyTake( ) 函数进行任务间的通知和等待操作。这些函数在 FreeRTOS 操作系统中都用于管理任务通知，具体介绍如下。

1. xTaskNotify( ) 函数

xTaskNotify( ) 函数用于向指定任务发送通知，并传递一个 32 位的通知值。该通知值可以包含任何需要传递给接收任务的信息。函数如下：

```
xTaskNotify( TaskHandle_t xTaskToNotify, uint32_t ulValue, eNotifyAction eAction )
```

参数 xTaskToNotify 表示要通知的任务句柄。ulValue 表示传递给接收任务的通知值。eAction 表示通知的操作类型，如覆盖、增加等。

2. ulTaskNotifyTake( ) 函数

ulTaskNotifyTake( ) 函数用于任务等待接收通知，并获取发送任务传递的通知值。任务将等待直到接收到通知或超时。接收到通知后，可以获取通知的值，并根据需要进行处理。函数如下：

```
ulTaskNotifyTake( BaseType_t xClearCountOnExit, TickType_t xTicksToWait )
```

参数 xClearCountOnExit 表示在退出函数时是否清除通知计数。xTicksToWait 表示等待通知的超时时间。

这两个函数共同组成了 FreeRTOS 系统中任务通知的功能模块，可以通过它们实现多任务之间的事件通知和控制。任务通知是由整数值组成的，表示某个特定的事件或状态。任务可以使用 xTaskNotify( ) 函数向其他任务发送通知，其他任务可以使用 ulTaskNotifyTake( ) 函数等待通知并获取通知值，在得到通知后执行相应的操作。

（六）互斥锁

互斥锁（mutex）是一种用于任务间同步和互斥访问共享资源的机制。在 FreeRTOS 操作系统中，互斥锁的功能是确保同一时间只有一个任务能够访问被保护的共享资源，以避免数据竞争和结果不一致。

互斥锁的相关函数和组成如下。

1. xSemaphoreCreateMutex( ) 函数

xSemaphoreCreateMutex( ) 函数用于创建互斥锁。该函数返回 SemaphoreHandle_t 类型的互斥锁句柄。函数如下：

```
SemaphoreHandle_t xSemaphoreCreateMutex( void );
```

2. xSemaphoreTake( ) 函数

xSemaphoreTake( ) 函数用于获取（申请）互斥锁。如果互斥锁当前被其他任务持有，则调用任务会进入阻塞状态，直到互斥锁被释放。函数如下：

```
BaseType_t xSemaphoreTake( SemaphoreHandle_t  xSemaphore, TickType_t
xTicksToWait );
```

参数 xSemaphore 表示互斥锁句柄，通过 xSemaphoreCreateMutex( ) 函数创建并返回。xTicksToWait 表示等待互斥锁的超时时间，以 FreeRTOS 时间单位 Tick 表示。如果设置为 0，则表示立即返回，不进行等待；如果设置为 portMAX_DELAY，则表示无限等待。

3. xSemaphoreGive( ) 函数

xSemaphoreGive( ) 函数用于释放互斥锁。当任务完成对共享资源的访问后，需要通过该函数释放互斥锁，以允许其他任务获取它。函数如下：

```
BaseType_t xSemaphoreGive( SemaphoreHandle_t xSemaphore );
```

参数 xSemaphore 表示互斥锁句柄，通过 xSemaphoreCreateMutex( ) 函数创建并返回。

4. xSemaphoreGiveFromISR( ) 函数

xSemaphoreGiveFromISR( ) 函数与 xSemaphoreGive( ) 类似，但用于在中断服务程

序（ISR）中释放互斥锁。函数如下：

```
BaseType_t xSemaphoreGiveFromISR( SemaphoreHandle_t xSemaphore, BaseType_t
*pxHigherPriorityTaskWoken );
```

参数 xSemaphore 表示互斥锁句柄，通过 xSemaphoreCreateMutex( ) 函数创建并返回。TaskWoken 表示指向 BaseType_t 类型变量的指针，用于指示在调用此函数后是否唤醒了优先级更高的任务。在大多数情况下，此参数设置为 NULL。

通过以上多任务通信方式，不同任务之间可以实现数据的交换、同步执行和资源的互斥访问，保证系统的正确性和稳定性。开发者可以根据应用需求选择合适的通信方式，灵活设计任务间的协作和数据交互，实现复杂的系统功能。

四、多任务程序开发方法

案例中创建了两个任务 Task_A 和 Task_B，它们之间通过队列进行通信，Task_A 负责产生随机数，并将随机数发送到队列中，Task_B 负责接收队列中的随机数并打印。

（一）设定任务优先级

设定任务优先级。代码如下：

```
/* 定义任务优先级 */
#define TASK_A_PRIORITY 1
#define TASK_B_PRIORITY 2
```

（二）定义 A、B 任务

创建两个无限循环的任务 Task_A 和 Task_B。Task_A 使用 rand( ) 函数产生一个 0 ~ 99 之间的随机数，并将该随机数发送到队列中；Task_B 则从队列中接收随机数，并将其输出到终端上。代码如下：

```
void Task_A(void *pvParameters)
{
```

```
    int i;
    while(1)
    {
      /* 产生随机数 */
      i = rand() % 100;
      /* 发送随机数到队列中 */
      xQueueSend(xQueue, (void *)&i, portMAX_DELAY);
      /* 延时一段时间 */
      vTaskDelay(pdMS_TO_TICKS(1000));
    }
}

/* 任务 B：从队列中接收随机数并进行处理 */
void Task_B(void *pvParameters)
{
    int i;
    while(1)
    {
      /* 从队列中接收随机数 */
      xQueueReceive(xQueue, (void *)&i, portMAX_DELAY);
      /* 处理随机数 */
      printf("Task_B received: %d\n", i);
      /* 延时一段时间 */
      vTaskDelay(pdMS_TO_TICKS(500));
    }
}
```

（三）定义主函数

在主函数中，首先利用 xQueueCreate( ) 函数创建一个长度为 5 的队列，并将其句柄保存在全局变量 xQueue 中。其次分别创建任务 A 和任务 B，并分别指定它们的优先级、堆栈大小和任务函数。最后启动 FreeRTOS 调度器。在任务函数中，使用 xQueueSend( ) 函数和 xQueueReceive( ) 函数进行队列通信。代码如下：

```
/* 主函数 */
int main(void)
{
    /* 创建队列 */
    xQueue = xQueueCreate(QUEUE_LENGTH, sizeof(int));
    /* 创建任务 A */
    xTaskCreate(Task_A, "Task_A", TASK_STACK_SIZE, NULL, TASK_A_PRIORITY, NULL);
    /* 创建任务 B */
    xTaskCreate(Task_B, "Task_B", TASK_STACK_SIZE, NULL, TASK_B_PRIORITY, NULL);
    /* 启动调度器 */
    vTaskStartScheduler();
    /* 程序循环控制 */
    while(1);
}
```

使用队列进行通信时，发送任务和接收任务应该分别使用不同的优先级，以确保高优先级任务可以及时发送数据，低优先级任务可以及时接收数据。本例中，将任务 A 的优先级设置为 1，任务 B 的优先级设置为 2，以确保任务 A 具有更高的优先级。

通过这个案例，可以看到，FreeRTOS 的队列机制便于实现多任务之间的通信和同步控制，而且非常灵活和可扩展。如果需要在实际项目中使用队列进行通信，只需要根据具体需求选择合适的队列长度和数据类型即可。

思考题

1. FreeRTOS 操作系统具有哪些特点？

2. 在套接字编程中，服务器端如何使用 bind( ) 函数将套接字与特定的 IP 地址和端口绑定起来？

3. 在 FreeRTOS 系统中任务控制块由哪几部分构成？

第三章
音视频信息采集开发

科技进步让人们对各类信息的获取和处理变得越来越容易。在当代通信技术中，音频和视频信息是非常重要的信息内容，音频和视频是人类传递信息的两种基本形式，它们在生活和工作中具有重要的意义。

音频信息通过声音和语言来传达信息，是人们沟通交流的一种主要手段。音频信息也被广泛应用于电话会议、远程教育、语音识别等领域，可以使沟通更加方便。同时，音频信息在医疗领域也扮演重要角色，例如，听力测试等是由声音转化为电信号进行处理的。

视频信息是通过光的反射、折射等方式传达信息。视频信息广泛应用于日常生活中，包括影视制作、广告、虚拟现实、远程教育、视频会议、监控等多个领域。视频信息还可以使医学图像显示、飞行模拟、道路设计等呈现可视化效果，实现安全、便利等方面的技术创新。

- **职业功能：**物联网感知控制开发。
- **工作内容：**音视频信息采集开发。
- **专业能力要求：**能根据物联网应用场景采集语音、图像、视频等非结构化数据；能根据业务需求对语音、图像、视频等非结构化数据进行处理。
- **相关知识要求：**语音处理知识；图像处理知识；视频处理知识。

第一节　音频数据的采集与处理

考核知识点及能力要求：

- 了解音频格式的种类和特点。
- 了解音频数据的采集和处理步骤。
- 掌握音频数据的采集技术。
- 掌握音频数据的处理方法。

一、音频文件格式介绍

音频文件格式是指计算机中存储和处理的音频数据的格式。不同的文件格式有不同的特点和适用场景。常见的音频文件格式有 WAV、APE、MP3、WMA 等。

（一）WAV 格式音频数据

WAV 格式是一种声音文件格式，是最早的数字音频格式，被 Windows 平台及应用程序广泛支持。WAV 格式支持许多压缩算法，支持多种音频位数、采样频率和声道。

WAV 来源于对声音模拟波形的采样，用不同的采样频率对声音的模拟波形进行采样可以得到一系列离散的采样点，以不同的量化位数（8 位或 16 位）把这些采样点的值转换成二进制数，然后存入磁盘，就产生了声音的 WAV 文件，即波形文件。该格式记录声音的波形，故只要采样率高、采样位数高，利用该格式记录的声音文件能获得和原声基本一致、质量非常高的音频数据。

（二）APE 格式音频数据

APE 格式音频数据的本质是一种无损压缩音频格式，它允许音频文件在不损失原始音质的情况下减少文件存储空间占用。该类型数据被用于网络音频文件传输，因为被压缩后的 APE 文件容量要比 WAV 源文件小一半多，可以节约传输所用的时间。更重要的是，通过解压缩还原以后得到的 WAV 文件可以做到与压缩前的源文件完全一致，因此 APE 格式被称为“无损音频压缩格式”，并且压缩之后的 APE 音频文件是可以直接被播放的。APE 格式通常用于音频 CD 的无损抓轨、音乐存档和高保真音频传输。

（三）MP3 格式音频数据

MP3 是一种被广泛应用的音频编码格式，它作为运动图像专家组（moving picture experts group，MPEG）标准的一部分，专为音频数据压缩而设计。MP3 格式的主要特点在于能够在保持较高音质的前提下，大幅度缩小文件。采用有损压缩技术，MP3 通过去除人耳难以察觉的音频成分来缩小文件。这种压缩方式基于人耳的听觉特性，利用心理声学模型判断哪些音频信息可以被剔除。虽然是有损压缩，但在中等比特率下，大多数人难以区分原始音频与 MP3 压缩后的差异。得益于较强的兼容性和高效的压缩率，MP3 格式已经成为最流行的音频格式之一。几乎所有的数字音乐播放器、智能手机和电脑操作系统都支持 MP3 格式。此外，网络上的音乐文件和流媒体服务也普遍采用 MP3 格式。

（四）WMA 格式音频数据

WMA 格式音频的文件包含有损或无损的音频数据，不仅适用于 Windows 操作系统，还能与众多流行音频播放器兼容。与大多数使用有损压缩的文件一样，WMA 格式音频的压缩方式会在处理过程中舍弃部分音频信息。但相较于 MP3 格式，WMA 格式在低比特率环境下，通常能展现出更优越的音质。此外，WMA Lossless 版本则提供了无损压缩技术，确保音频文件在压缩与解压缩时维持其原始品质，不会丢失任何细节。同时，WMA 格式还具备数字版权管理功能，这意味着它能对音频文件进行加密，有效防止未经授权的复制与播放行为，深受音乐出版商和版权所有者青睐。尽管 WMA 格式在普及程度上可能不及 MP3，但它确实为音频压缩领域提供了高效可行的解决方案。

二、音频数据的采集技术

（一）声音的三要素

1. 音调

音调，物理层面上指物体振动的频率。振动频率低则低沉，振动频率高则刺耳。

人的声带振动频率为 10 Hz ~ 10 kHz。人耳的听力范围为 20 Hz ~ 20 kHz，处于其中称为可听区域，低于 20 Hz 称为次声波，超过 20 kHz 称为超声波。

2. 响度

响度，也就是声音的响亮程度，物理层面上指物体的振动幅度，振动幅度越大，响度越大。

3. 音色

音色造就不同的声音特色。物体整体振动发出的只是基音，其各部分还有复合振动，这些复合振动也会发出声音并形成泛音，基音与泛音的不同组合就产生了多样化的音色。

（二）音频数字化

声音由变化的气压组成，产生的声波带动麦克风上的膜片振动，膜片带动套在磁铁上的线圈振动，产生了声音的模拟信号。音频数字化的过程就是模拟数据转换成数字信号的过程，整个过程包括采样、量化、编码，如图 3–1 所示。波形图中，横轴为时间维度，纵轴为幅度维度。

1. 采样

以固定的时间间隔对声音模拟数据进行采样，按照固定的时间间隔 T，依次取多个点，如图 3–1 所对应波上的点。此时 T 称为取样周期，T 的倒数为本次取样的采样率 f，表示每秒进行采样的次数，单位为赫兹（Hz）。人耳能听到的频率范围为 20 Hz ~ 20 kHz，根据奈奎斯特 – 香农采样定理，采样频率一般为 44.1 kHz，即每秒采集 44 100 次。

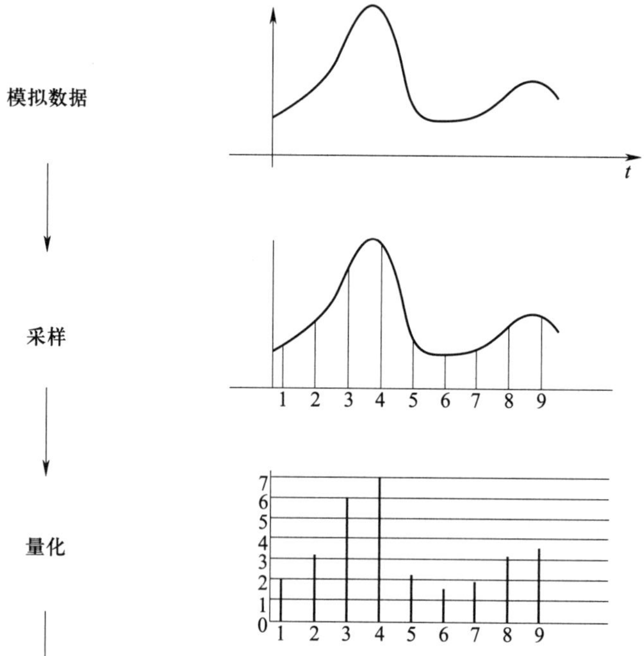

编码

样本序号	1	2	3	4	5	6	7	8	9
样本数值（10进制）	2	3	5	7	5	2	2	3	4
二进制码	010	011	101	111	101	010	010	011	100

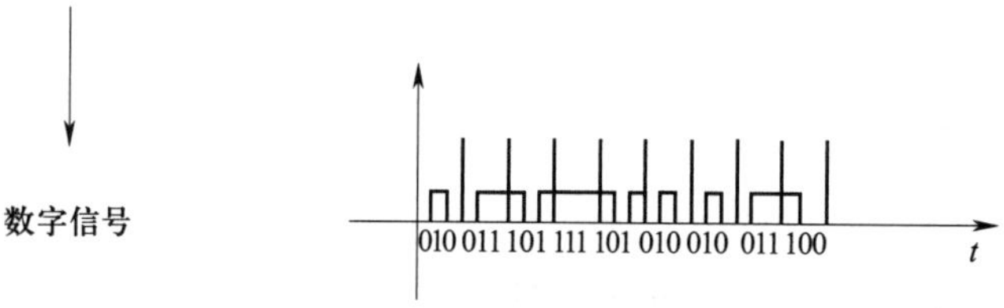

图 3-1　声音信号数字化过程

2. 量化

完成采样后，进行音频数字化的第二步，量化。采样是在时间轴上对音频信号进行数字化，得到多个采样点；量化则是在幅度方向上进行数字化，得到每个采样点的幅度值。

如图 3-1 所示，设定纵轴的坐标取值范围为 0 ~ 7，得到每个采样点的纵坐标，这里的坐标值即为量化后的幅度值。将幅度轴分为 7 段，有 8 个值用于量化取整，即本次量化的精度为 8。显然，分段越多，幅度的量化取值就越准确（取整带来的误差就越小），也能越好地表示原波形。幅度的量化精度一般用位深描述。

计算机将这些抓取到的信号转换成数字，定义振幅的变化。然后对获取到的数字进行二进制编码，代表被测瞬间波形的电压值，以此完成量化过程。

3. 编码

经过量化后，得到每个采样点的幅度值。接下来进行音频信号数字化的最后一步，编码。编码是将每个采样点的幅度量化值转化为计算机可理解的二进制字节序列。

如图 3–1 所示，参照编码部分的表格，样本序号为样本采样顺序，十进制的样本值为量化的幅度值，二进制的样本值为幅度值转换后的编码数据。最终得到的“0”“1”形式的二进制字节序列，即离散的数字信号。这里得到的是未经压缩的音频采样数据裸流，也叫作脉冲编码调制（pulse code modulation，PCM）。实际应用中，往往还会使用其他编码算法做进一步压缩。如果想要将这些声音再播放出来，需要通过数模转换器，将数字信号转换为模拟信号，再由反折叠滤波器对模拟信号内的极差加以平滑，还原成初始的模拟信号。

（三）音频数字信号质量要素

1. 采样率

音频采样率指的是单位时间内对声音信号的采样次数。根据奈奎斯特 – 香农采样定理，采样频率应该大于或等于模拟信号频谱中最高频率的 2 倍，即可以不失真地恢复模拟信号。

2. 采样位深

采样位深指的是在音频采集量化过程中，每个采样点幅度值的取值精度，一般使用 bit 作为单位。例如，当采样位深为 8 bit 时，每个采样点的幅度值可以用 2^8 个量化值表示；采样位深为 16 bit 时，每个采样点的幅度值可以用 2^{16} 个量化值表示。显然，16 bit 比 8 bit 可存储的数据更多、更精细，量化时产生的误差损失就更小。位深影响声音的解析精度、细腻程度，可以将其理解为声音信号的“分辨率”，位深越大，音色越真实、生动。

采样位深选择和采样率的选择类似，虽然理论上来说位深越大越好，但是综合带宽、存储、实际听感的考虑，应该为不同场景选用不同的位深。

3. 声道数

常说的单声道、双声道，即描述音频信号的声道数。声道数一般指声音采集录制时的音源数量或播放时的扬声器数量。

4. 音频码率

音频码率又称为比特率，指的是单位时间内（一般为 1 s）所包含的音频数据量，可以通过公式计算。原始码率（单位为 bps）计算公式为：

原始码率 = 采样率 /s × 位深 /bit × 声道数 × 时长

如采样率 44.1 kHz，位深 16 bit 的双声道音频 PCM 数据，它的原始码率为：

44.1 × 1 000 × 16 × 2 × 1=1 411 200 bps=1 411.2 kbps=1.411 Mbps

如果这个 PCM 文件时长为 1 min，则传输或存储这个文件需要的数据量为：1.411 Mbps × 60 s=84.66 MB。

（四）音频数据采集步骤

声音数据采集技术是从环境中捕获声音并将其转换为数字信号，以便进一步处理和分析。以麦克风信号采集为例对音频信号采集的基本方法进行讲解，具体步骤如下。

1. 麦克风接收

麦克风是一种能够将声音转换为电信号的装置，它通常被放置在距离声源较近的位置。当声音到达麦克风时，麦克风会将声音转换为电信号。

2. 电信号放大

麦克风产生的电信号很小，需要使用放大器将其放大，以便后续步骤进行处理。驻极体麦克风信号放大原理图如图 3–2 所示。驻极体麦克风属于无源器件，因此在通过 MIC 拾音头获取声音信号时，需要通过限流电阻 R1 接入一个直流偏置 MIC–BIAS，使其能够输出电压信号。稳压器 TL431 与相关电阻组成的电压放大电路采用电源 VCC 供电，麦克风输出的微弱的交流电压信号通过耦合电容 C1 输入至放大电路中进行信号放大，最终在 OUT 处输出信号。

3. 声音滤波器

声音滤波器可以用来去除特定频率范围内的噪声或干扰，可以提高语音信号的质量。

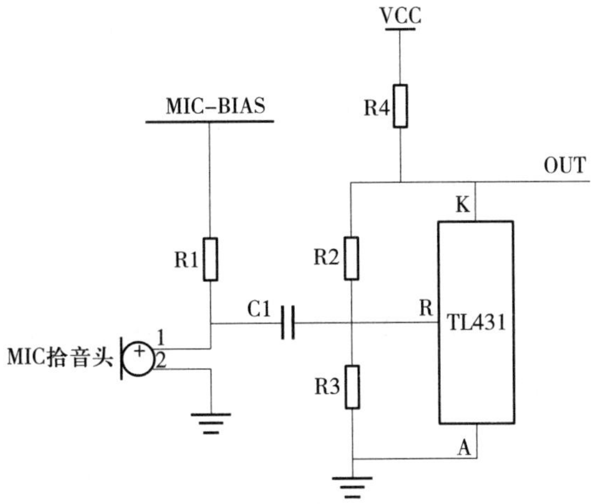

图 3-2　驻极体麦克风信号放大原理图

4. 模数转换

利用模数转换器将模拟信号转换为数字信号，以便计算机能更好地处理和分析。

5. 信号处理

对数字信号进行处理，如去除噪声、提高语音质量等。

以上步骤是语音数据采集的基本流程，每个步骤的实现方法和参数设置会对最终结果产生影响。因此，需要根据具体场景和需求进行优化和调整。

在音频信息采集开发方面，主要有以下关键点。

（1）音频采集设备。需要选择合适的麦克风、音频接口卡等设备来获取音频信号。可以通过 USB、音频接口等方式将音频信号传输到计算机或其他设备。

（2）音频采集驱动程序。需要使用相应的驱动程序或 API 与音频采集设备进行交互。这些驱动程序具有控制设备参数、启动采集、获取音频数据等功能。

（3）音频数据处理。获取到音频数据后，可以对其进行处理和分析，如进行音频编解码、滤波、降噪等操作。常用的音频处理库有 PortAudio、Libsoundio 等。

三、音频数据的处理技术

（一）音频数据处理技术概述

音频处理技术是指对声音信号进行分析、处理和提取特征的技术。常见的音频处理技术如下。

1. 语音识别

语音识别技术利用自然语言处理和机器学习算法，将语音信号转换为文本信息，主要应用于智能客服、智能音箱、语音助手等领域。

2. 语音合成

语音合成技术用于将文本信息转化为语音信号。通过合成器生成人工语音，实现语音播报、智能呼叫中心等应用场景。

3. 声音分析

声音分析主要是对音频信号进行波形显示、频谱分析、共振分析等处理，以获取声音的频率、能量、谐波和噪声情况，广泛应用于音频处理、音乐制作等领域。

4. 音频编解码

音频编解码实现了对音频信号的压缩和解压缩，以减少存储和传输数据的带宽，广泛应用于音频 CD、MP3 播放器等。

5. 音效处理

音效处理主要是对音频信号进行降噪、去回声、变声、合唱等处理，以实现音效增强、语音清晰等效果，广泛应用于影视制作、广告业、游戏开发等领域。这些技术结合了数学、信号处理、人工智能等多个领域的知识，帮助读者更好地理解和应用声音信号。

（二）语音识别技术

以语音识别技术为例，语音识别技术是一种能够将说话者的语音信息转换成计算机可处理的文本或指令的技术。其主要原理概括为以下步骤。

1. 预处理

在语音信号采集后，需要对采集到的数据进行一些预处理，如去除背景噪声和回声等。

如利用基于谱减法的去噪算法对声音数据进行预处理，首先需要计算信号的平均能量作为噪声能量的估计，并将其作为噪声幅度谱的初始值，然后对输入信号进行谱减法处理，即将信号值减去噪声幅度谱。同时，通过更新噪声估计值来逐渐调整噪声幅度谱，确保高分贝的噪声能够降低。

2. 特征提取

特征提取是将语音信号转换成数学模型，以便计算机可以对其进行分析和处理。通常使用的特征有短时能量、短时过零率、Mel 频率倒谱系数（Mel frequency cepstrum coefficient，MFCC）等。

3. 建立语音模型

建立语音模型时，可以通过构建包含多个状态的隐马尔可夫模型（hidden Markov model，HMM）来描述声学特征序列。每个状态代表不同的语音单元，如音素、音节或词汇的发音。构建一个完整的语音模型涉及多个复杂步骤，包括特征提取、模型训练以及解码等。

4. 训练模型

训练模型过程即利用大量准确的训练语音样本，通过计算机学习和优化算法，调整模型中的参数并确定每个状态的概率分布。

5. 解码识别

接收到语音信号后，计算机将语音特征与已知的语音模型进行匹配分析，最终输出匹配度最高的文本结果。

6. 后处理

对识别结果进行后处理，包括错误纠正、语法分析和意图理解等环节，以提高语音识别的准确率和可靠性。

总体来说，语音识别技术主要依赖于声学模型、语言模型和搜索算法三方面的基础理论，它们共同作用才能实现精准的语音识别。

四、音频数据处理案例

（一）工具和库的介绍

1. ALSA 库

高级 Linux 声音架构（advanced Linux sound architecture，ALSA）是 Linux 内核提供的高级音频驱动程序接口，用于音频输入 / 输出、混音、采样等操作。在本例中，将使用 ALSA 来访问声卡设备，并进行声音数据采集和输出。

2. SoX 工具

SoX（sound exchange）是音频处理工具，支持多种格式的音频文件，可用于音频格式转换、采样率转换、音频增强、滤波等操作。本例中，将使用 SoX 对采集到的声音数据进行增强、滤波等处理。

3. FFTW 程序集

FFTW 是快速计算离散傅里叶变换的标准 C 语言程序集，用于高效地计算傅里叶变换和反变换。本例中，将使用 FFTW 进行频域分析和滤波操作。

4. OpenCV 计算机视觉库

OpenCV 计算机视觉库可用于音频处理领域。本例中，将使用 OpenCV 进行音频数据的矫正、降噪和特征提取操作。

5. PocketSphinx 语音识别引擎

PocketSphinx 是开源的语音识别引擎，可以用于构建语音识别系统，支持多种语言模型和声学模型，能够识别特定的关键词或指令。它适用于各种嵌入式系统和移动设备上的语音识别应用，准确率高，实时性、可定制性强，能满足不同应用场景的需求。

（二）配置音频输入接口和参数

在开发板上运行如下命令来配置音频输入接口：

```
# 查看当前设备是否存在声卡
$ aplay -l
# 修改 alsa 默认设置文件
$ sudo vim /etc/asound.conf
```

将配置文件修改为以下内容：

```
pcm.!default {
  type asym
  playback.pcm {
```

```
    type hw
    card 0
    device 0
  }
  capture.pcm {
    type plug
    slave {
      pcm "hw:1,0"
    }
  }
}
```

（三）音频数据采集

1. 编写采集音频数据的代码

本案例中，使用 ALSA 库从默认音频设备中捕获声音并保存为 WAV 格式文件。

（1）打开硬件设备并初始化。使用 snd_pcm_open( ) 函数打开 PCM 设备，这里指定了捕获音频流。如果打开失败，就输出错误信息并退出程序。使用 snd_pcm_hw_params_alloca( ) 函数分配硬件参数结构体的内存空间。使用 snd_pcm_hw_params_any( ) 函数初始化硬件参数结构体。代码如下：

```
if ((err = snd_pcm_open(&handle, device, SND_PCM_STREAM_CAPTURE, 0)) < 0)
  {
    printf(" 无法打开 PCM 设备 : %s\n", snd_strerror(err));
    return -1;
  }
  // 分配硬件参数
```

```
snd_pcm_hw_params_alloca(&params);
// 初始化硬件参数
if ((err = snd_pcm_hw_params_any(handle, params)) < 0)
{
    printf(" 无法初始化硬件参数 : %s\n", snd_strerror(err));
    return -1;
}
```

（2）采样设置。通过设置访问模式、采样格式、采样声道、采样率，将硬件参数应用到 PCM 设备上，获取周期帧数和方向，并根据声道数和每个样本的字节数计算出缓冲区大小，动态分配缓冲区内存。代码如下：

```
// 设置访问模式为交错 (Interleaved)
    if ((err = snd_pcm_hw_params_set_access(handle, params, SND_PCM_ACCESS_
RW_INTERLEAVED)) < 0)
    // 设置采样格式为 16 位小端存储
    if ((err = snd_pcm_hw_params_set_format(handle, params, SND_PCM_FORMAT_
S16_LE)) < 0)
    // 设置声道数
    if ((err = snd_pcm_hw_params_set_channels(handle, params, CHANNELS)) < 0)
    // 设置采样率
    if ((err = snd_pcm_hw_params_set_rate_near(handle, params, &sample_rate,
&dir)) < 0)
    // 将硬件参数应用到 PCM 设备
    if ((err = snd_pcm_hw_params(handle, params)) < 0)
    // 获取周期帧数和周期大小
```

```
snd_pcm_hw_params_get_period_size(params, &frames, &dir);
int buffer_size = frames * CHANNELS * 2; // 每个样本占 2 字节
// 分配缓冲区内存
buffer = (char *)malloc(buffer_size);
```

（3）打开输出文件并进行数据写入。打开输出文件，以二进制写入模式。在一个无限循环中，从 PCM 设备中读取数据，并将数据写入到输出文件中。代码如下：

```
fp = fopen("output.wav", "wb");
if (fp == NULL)
{
    printf(" 无法打开输出文件 \n");
    return -1;
}
// 采集声音并保存为 WAV 文件
while (1)
{
    // 从 PCM 设备读取数据
    if ((err = snd_pcm_readi(handle, buffer, frames)) != frames)
    {
        printf(" 发生错误在 snd_pcm_readi: %s\n", snd_strerror(err));
        break;
    }
    // 写入 WAV 文件
    fwrite(buffer, 1, buffer_size, fp);
}
```

（4）关闭文件清理缓存。关闭输出文件，等待PCM设备数据输出完成，关闭PCM设备，并释放缓冲区内存。代码如下：

```
//关闭输出文件和 PCM 设备
    fclose(fp);
    snd_pcm_drain(handle);
    snd_pcm_close(handle);
    free(buffer);
    return 0;
```

（四）音频数据处理

采集到音频数据后，还需要对初始数据进行处理。主要步骤如下。

1. 音频数据的处理步骤

（1）使用SoX对采集到的WAV格式声音数据进行增强、滤波等处理。例如，可以对声音数据进行加深音色、提高音量、去除杂音等操作。指令如下：

```
$ sox input.wav output.wav bass +10 gain +6 noisered noise.prof 0.21
```

（2）使用FFTW对采集到的声音数据进行频域分析和滤波操作。

（3）使用OpenCV对采集到的声音数据进行矫正、降噪和特征提取操作。

（4）使用PocketSphinx进行基于语音的指令识别。

2. 核心代码讲解

（1）基于FFTW的音频数据频域分析和滤波。使用FFTW对采集到的声音数据进行频域分析和滤波操作。可以使用快速傅里叶变换（fast Fourier transform，FFT）将时域信号转换为频域信号，并对频域信号进行滤波或降噪。

首先，读取音频文件。代码示例如下：

```
if ((file = fopen(file_name, "rb")) == NULL) {
   printf("Error opening input file: %s\n", file_name);
```

```
    return -1;
  }
```

打开音频文件进行读取。其中，file_name 是音频文件的路径。如果文件打开失败，则输出错误信息并返回 –1。

然后，初始化 FFTW。代码示例如下：

```
in = (double*) fftw_malloc(sizeof(double) * buffer_size);
out = (double*) fftw_malloc(sizeof(double) * buffer_size);
plan = fftw_plan_r2r_1d(buffer_size, in, out, FFTW_R2HC, FFTW_MEASURE);
```

plan 表示创建 FFTW 执行计划。使用 fftw_plan_r2r_1d( ) 函数创建一个实数到实数的一维 FFT 变换计划。buffer_size 表示输入数据的大小，in 表示输入数组，out 表示输出数组，FFTW_R2HC 表示实数到复数的变换类型，FFTW_MEASURE 表示根据输入数据的大小和计算资源选择最优的实现方式。

进行 FFTW 变换和滤波。代码示例如下：

```
while (fread(buffer, sizeof(short), buffer_size, file) == buffer_size) {
        for (i = 0; i < buffer_size; i++) {
        in[i] = buffer[i] / 32768.0;
    }
    fftw_execute(plan);
```

循环读取音频文件中的数据，直到文件末尾。每次从文件中读取 buffer_size 个 short 型数据，存储到 buffer 数组中。在 for 循环中将 short 型数据转换为 double 型，因为 FFTW 库中要求输入数据类型为 double 型，并进行归一化操作，将数据范围从［–32768，32767］映射到［–1，1］之间。然后进行 FFT 变换，将时域信号转换为频域信号。

最后，数据归一化处理并保存。代码示例如下：

```
for (i = 0; i < buffer_size; i++) {
        buffer[i] = (short) (out[i] * 32768.0);
    }
    fwrite(buffer, sizeof(short), buffer_size, stdout);
  }
  // 关闭音频文件，释放 FFTW 资源
  fclose(file);
  fftw_destroy_plan(plan);
  fftw_free(in);
  fftw_free(out);
  return 0;
```

for 循环中将处理后的时域信号转换为 short 型数据，并进行逆归一化操作。fwrite ( ) 函数将处理后的数据写入标准输出，通常用于将处理后的数据输出到音频设备进行播放或保存到文件中。最后释放相关资源。

（2）基于 OpenCV 的声音数据矫正、降噪和特征提取。使用 OpenCV 对采集到的声音数据进行矫正、降噪和特征提取操作。通过波形矫正、语速调节等方式进行声音数据的矫正和标准化，通过小波变换、Hilbert 变换等方式进行语音降噪，通过 MFCC 等算法进行语音特征提取。

首先，打开文件，读取数据并转换格式。代码如下：

```
// 打开音频文件
  if ((file = fopen(file_name, "rb")) == NULL) {
     printf("Error opening input file: %s\n", file_name);
     return -1;
```

```
}
// 读取声音数据，将 short 型数据转换为 double 型
buffer = (double*) malloc(sizeof(double) * buffer_size);
while (fread(buffer, sizeof(short), buffer_size, file) == buffer_size) {
  for (i = 0; i < buffer_size; i++) {
    buffer[i] /= 32768.0;
  }
  data.push_back(cv::Mat(1, buffer_size, CV_64FC1, buffer));
}
```

其次，进行数据矫正、降噪和特征提取操作。代码如下：

```
// 进行矫正、降噪和特征提取操作
  // 简单矫正：将数据限制在 [-1, 1] 范围内
  for (i = 0; i < data.rows; i++) {
    result = data.ptr<double>(i);
    for (j = 0; j < buffer_size; j++) {
      if (result[j] > 1.0) result[j] = 1.0;
      else if (result[j] < -1.0) result[j] = -1.0;
    }
  }
  // 简单降噪：使用移动平均滤波器
  for (i = 1; i < data.rows - 1; i++) {
    result = data.ptr<double>(i);
    for (j = 1; j < buffer_size - 1; j++) {
      result[j] = (result[j-1] + result[j] + result[j+1]) / 3.0;
    }
```

```
    }
    // 简单特征提取：计算音频的能量
    double energy[data.rows];
    for (i = 0; i < data.rows; i++) {
        result = data.ptr<double>(i);
        double sum = 0.0;
        for (j = 0; j < buffer_size; j++) {
            sum += result[j] * result[j];
        }
        energy[i] = sum;
    }
```

最后，输出处理后的数据。代码如下：

```
// 输出处理后的声音数据
    for (i = 0; i < data.rows; i++) {
        result = data.ptr<double>(i);
        for (j = 0; j < buffer_size; j++) {
            buffer[j] = result[j] * 32768.0;
        }
        fwrite(buffer, sizeof(short), buffer_size, stdout);
    }
    // 输出能量值
    for (i = 0; i < data.rows; i++) {
        printf("Energy of frame %d: %f\n", i+1, energy[i]);
    }
    // 关闭音频文件
```

```
    fclose(file);
    free(buffer);
    return 0;
```

（3）基于 PocketSphinx 语音指令识别。使用 PocketSphinx 进行基于语音的指令识别。使用 PocketSphinx 识别声音数据中的指令或关键词，并进行相应的处理。

首先，初始化 PocketSphinx。代码如下：

```
// 打开音频文件：
if ((file = fopen(file_name, "rb")) == NULL) {
    printf("Error opening input file: %s\n", file_name);
    return -1;
}
// 初始化 PocketSphinx
config = cmd_ln_init(NULL, ps_args( ), TRUE,
            "-hmm", MODELDIR "/en-us/en-us",
            "-lm", MODELDIR "/en-us/en-us.lm.bin",
            "-dict", MODELDIR "/en-us/cmudict-en-us.dict",
            NULL);
ps = ps_init(config);
```

这里使用了 PocketSphinx 的默认参数，加载了英语语音模型。“–hmm”参数指定了声学模型目录，“–lm”参数指定了语言模型文件，“–dict”参数指定了词典文件。

然后，读取声音数据，进行语音识别。代码如下：

```
while (fread(buffer, sizeof(short), buffer_size, file) == buffer_size) {
    ps_start_utt(ps, NULL);
```

```
    ps_process_raw(ps, buffer, buffer_size, FALSE, FALSE);
    ps_end_utt(ps);
    hyp = ps_get_hyp(ps, &uttid);
    printf("Recognized text: %s\n", hyp);
}
```

在循环中，逐个缓冲区读取音频数据，然后使用 ps_start_utt( ) 开始一段语音的识别，使用 ps_process_raw( ) 传入音频数据进行识别，使用 ps_end_utt( ) 结束一段语音的识别，并使用 ps_get_hyp( ) 获取识别结果。

第二节　图像数据的采集与处理

考核知识点及能力要求：

- 了解图像数据格式的种类和特点。
- 了解图像数据的采集和处理步骤。
- 掌握图像数据的采集技术。
- 掌握图像数据的处理方法。

一、图像数据格式介绍

图像数据格式是用于表示数字图像的方式，由一系列像素点构成，每个像素点代表图像中的一个颜色值。图像数据格式通常用于存储和传输数字图像，因此了解不同的图像数据格式，对图像处理和计算机视觉非常重要。

常见的图像数据格式包括位图图像文件（bitmap image file，BMP）、可移植网络图形（portable network graphics，PNG）、互联网图形交换格式（graphics interchange format，GIF）、标记图像文件格式（tagged image file format，TIFF）、联合图像专家组格式（joint photographic experts group，JPEG）等。

BMP 是最简单的图像文件格式，它将图像数据存储为像素阵列，每个像素使用固定的位数表示颜色信息。BMP 格式没有进行压缩，因此文件较大，但保留了图像细节，适用于图像编辑和打印等需要保真度的场景。

PNG 是一种无损压缩的图像文件格式，支持透明度和索引色，适用于网络传输和图像编辑。PNG 格式通过无损数据压缩算法（deflate compression algorithm，DEFLATE）进行压缩，保留了高质量的图像细节，同时文件较小。

GIF 是一种支持动画和透明度的图像文件格式，采用无损压缩算法，适用于简单动画制作和网络应用。GIF 的颜色深度较低，最多支持 256 种颜色，适合保存简单的图形和动画。

TIFF 是一种灵活的图像文件格式，支持多种压缩算法、色彩模式和元数据。TIFF 格式适用于高质量的图像存档和打印领域，可以保存大量图像信息和元数据。

JPEG 是一种有损压缩的图像文件格式，适用于存储照片和复杂图像。JPEG 格式可以根据压缩率调整图像质量，允许在图像质量和文件大小之间进行权衡，广泛应用于数字摄影、网络传输等领域。

二、图像数据的采集技术

（一）图像数据采集的原理

图像数据采集是指使用数字设备（如数码相机、扫描仪、摄像头等）捕获现实世界的视觉信息，并将其转换为可以被计算机处理的数字图像的过程。图像数据采集的原理涉及光学成像、传感器技术和信号处理等方面。

1. 光学成像

图像数据采集的第一步是通过光学系统将现实世界中的物体或场景成像到感光

材料或传感器上。光学系统通常由镜头和光圈组成。镜头负责聚焦光线，使其在感光材料或传感器上形成清晰的图像。光圈控制进入镜头的光线的数量，调节图像的亮度。

2. 传感器技术

图像数据采集中常用的传感器是图像传感器，它可以将光线转换为电信号。最常见的图像传感器是互补金属氧化物半导体（complementary metal-oxide-semiconductor，CMOS）传感器和电荷耦合器件（charge-coupled device，CCD）传感器。当光线照射到传感器上时，每个像素会产生一个电荷，电荷大小与光线强度成正比。传感器将这些电荷转换为数字信号，并生成数字图像。

CCD 传感器使用电荷耦合器件技术，由一系列光敏元件组成，光线照射在每个元件上时，产生电荷。这些电荷按照特定顺序转移到设备的输出端，以获得完整的图像。CCD 传感器具有较强的图像捕获能力，但通常耗电量较大。

CMOS 传感器使用互补金属氧化物半导体技术，将光线直接转换为电信号，并使用一系列像素捕获图像。CMOS 传感器通常较小、功耗较低，而且在成本效益方面具有优势，适用于许多嵌入式设备和便携设备。

3. 信号处理

在图像数据采集过程中，需要进行一些信号处理操作，以提高图像质量和提取关键信息。这些处理包括提高对比度、降噪、颜色校正、图像去畸变等。信号处理可以通过硬件电路或软件算法实现。

综上所述，图像数据采集的原理是利用光学成像将物体或场景转换为光信号，然后通过传感器将光信号转换为电信号，并最终转换为数字图像。在此过程中，还可以通过信号处理来提高图像质量和提取所需信息。

（二）图像数据采集技术

图像数据采集是指通过各种成像设备将现实世界中的物体或场景转化为数字图像的过程。以下是与图像数据采集相关的五种常见技术。

1. 摄影

摄影是最基本的图像数据采集技术。通过光学镜头捕捉物体反射的光线，并将其投射在感光材料上，形成一幅图像。

2. 扫描

扫描是指将物体或文档的各个部分分别扫描并合成一幅完整的图像，可以通过平面扫描仪、高速文档扫描仪、三维扫描仪等设备来完成。

3. 视频采集

视频采集是指将现实世界中的物体或场景以视频的形式记录下来，可以通过摄像机、监控摄像头、无人机等设备来实现。

4. 激光雷达

激光雷达是一种可以快速获取目标物体三维空间坐标信息的设备。它通过向目标物体发送激光束，并测量激光束的反射时间和强度，从而得到目标物体的距离和形状等信息。

5. 红外成像

红外成像是利用物体辐射出的红外辐射能量来获取图像信息的技术。它可以在低光或无光环境下工作，也可以用于热成像、夜视、安防等领域。

不同的图像数据采集技术适用于不同的场景和需求。选择合适的采集技术对获得高质量的数字图像至关重要。

三、图像数据处理技术

图像数据处理技术包括很多方面，涵盖从图像数据采集、存储、传输到分析和应用的各个环节。

（一）图像预处理技术

通过采集得到的图像可能存在噪声、失真等问题，因此需要进行预处理，包括去噪、图像增强、几何校正等操作。图像预处理涉及从原始图像数据中获取质量好、可用性强的信息。下面介绍图像预处理技术。

1. 去噪

去噪是指消除图像中的干扰信号，使图像更清晰、准确。在图像预处理过程中，可以应用各种去噪算法，如中值滤波、高斯滤波、小波去噪等。这些算法可以有效降低图像噪声，提高图像质量。

2. 图像增强

图像增强旨在改善图像的视觉效果，使图像更加清晰、鲜艳。常见的图像增强方法包括直方图均衡化、对比度增强、锐化等。这些方法可以突出图像中的细节和特征，增强图像的视觉效果。

3. 几何校正

几何校正是指对图像进行旋转、平移、缩放等变换，以纠正图像中的畸变或失真。对于图片样本，可能需要进行图像的旋转和裁剪，使图像的位置和方向更加合理。

（二）图像压缩和图像编码解码技术

在物联网嵌入式开发中，受资源和传输带宽限制，图像压缩和图像编解码技术显得尤为重要。

1. 图像压缩技术

（1）无损压缩（lossless compression）。无损压缩技术能够减小图像文件的大小，而不会损失图像质量。常见的无损压缩算法包括利普曼－茨夫－韦尔奇（Lempel–Ziv–Welch，LZW）编码和哈夫曼编码（Huffman coding）等。

（2）有损压缩（lossy compression）。有损压缩技术可以显著减小图像文件的大小，但会牺牲一定的图像质量。常见的有损压缩算法包括联合图像专家组、网页图片格式和更好的便携式图形（better portable graphics，BPG）等。

2. 图像编解码技术

以 JPEG 格式编解码为例，JPEG 是一种常见的图像编解码标准，它使用离散余弦变换（discrete cosine transform，DCT）对图像进行压缩，并且支持有损压缩。JPEG 编码过程包括预处理、DCT 变换、量化、熵编码等步骤，而 JPEG 解码过程则是编码过程的逆过程，包括熵解码、反量化、逆 DCT 变换和后处理等步骤。以下是 JPEG 编解码的过程。

（1）JPEG 编码过程。

1）预处理阶段。通常包括图像采样和色彩空间转换。原始图像可能是 RGB 色彩空间，而 JPEG 通常将其转换为 YCbCr 色彩空间，以便更好地利用人眼对亮度的敏感性和色度的不敏感性。

2）离散余弦变换。JPEG 将图像分成 8×8 的块，然后对每个块进行 DCT 变换。DCT 将每个像素的值转换为频域系数，使得图像中的大部分能量集中在少量低频系数中，而高频系数则表示图像的细节和纹理。

3）量化。经过 DCT 变换后得到的频域系数被量化，以减少数据量。JPEG 使用量化表对频域系数进行量化，其中低频部分的系数会被保留，而高频部分的系数则会被舍弃或量化为较小的值。

4）熵编码。量化后的系数通常存在大量零值和重复值，JPEG 使用熵编码（通常是 Huffman 编码）来进一步压缩数据。熵编码根据频率将符号映射到变长的编码字，频率高的符号对应的编码较短，频率低的符号对应的编码较长。

（2）JPEG 解码过程。

1）熵解码。对经过熵编码的数据进行解码，将编码字转换为频域系数。

2）反量化。解码器使用相同的量化表对量化后的频域系数进行反量化，将系数恢复为 DCT 变换后的原始系数。

3）逆离散余弦变换（inverse discrete cosine transform，IDCT）。反量化后的频域系数经过逆 DCT 变换得到原始图像的像素值。

4）后处理。解码后的图像可能需要进行色彩空间转换和后处理操作，以得到最终的 RGB 图像。

JPEG 编解码过程中，DCT 变换和量化是主要的压缩步骤，通过这两个步骤可以大幅度压缩图像文件。而熵编码则进一步压缩了数据，使图像文件更加紧凑。解码过程是编码过程的逆过程，通过逆变换和反量化将压缩后的数据恢复为原始图像。

（三）图像的特征提取

在图像识别、分类等任务中，需要从图像中提取特征，并对这些特征进行描述。图像数据的特征提取技术涵盖多个领域，包括计算机视觉、模式识别、图形学等。以下是一些常见的图形数据特征提取技术。

1. 边缘检测

边缘检测是指在图像中寻找突变的地方，这些地方往往表示物体的边界或者纹理的变化。常见的边缘检测算法包括 Sobel 算子、Prewitt 算子和 Canny 边缘检测算法。Sobel 和 Prewitt 算子是基于图像灰度的一阶和二阶微分来检测边缘，而 Canny 边缘检测是一种多阶段的算法，包括高斯滤波、梯度计算、非极大值抑制和双阈值处理，最终得到连续的边缘线条。

2. 角点检测

角点是两条边缘交会的地方，在图像中具有显著的角度变化。Harris 角点检测算法是一种常用的角点检测方法，它通过计算图像的局部灰度变化来识别角点。Shi-Tomasi 角点检测算法是对 Harris 算法的改进，提供了更好的角点筛选方法。

3. 颜色直方图

颜色直方图是描述图像颜色分布的一种方法。它将图像中的像素根据颜色值进行统计，形成不同颜色的频率直方图。通过颜色直方图可以了解图像中各种颜色的数量和分布情况，对图像检索和分类具有一定的作用。

4. 纹理特征提取

纹理特征用于描述图像中的纹理信息，包括纹理的粗糙度、方向性等。常见的纹理特征提取方法包括灰度共生矩阵（gray-level co-occurrence matrix，GLCM）和小波纹理特征。GLCM 通过统计图像中像素灰度级别之间的关系来描述纹理信息，而小波纹理特征则利用小波变换来分析图像的局部纹理特征。

5. 形状特征提取

形状特征用于描述图像中物体的形状信息，包括面积、周长、凸包等属性。这些特征可以用于识别物体、检测边界等任务。

6. 深度学习特征

深度学习特征是通过卷积神经网络（convolutional neural network，CNN）提取的特征，例如，通过对预训练的网络进行特征提取得到的特征向量。深度学习特征在图像分类、目标检测等任务中取得了很大的成功，因为它们能够学习到图像中的高级语义特征。

这些特征提取方法在图像处理和计算机视觉领域有广泛应用，每种方法都有其独特的优势和适用场景。选择合适的特征提取方法时，要根据具体问题的需求和数据的特点进行综合考虑。

（四）目标检测和识别技术

通过目标检测和识别技术，可以对图像中的目标进行检测和识别，如人脸识别、车牌识别、物体检测等。

目标检测和识别技术主要包括以下方法。

1. 传统机器学习方法

在嵌入式系统中，由于资源有限的特点，传统机器学习方法仍然具有一定的应用前景。在图像目标的检测和识别中，可以利用传统的特征提取方法如方向梯度直方图（histogram of oriented gradients，HOG）和尺度不变特征变换（scale-invariant feature transform，SIFT），结合支持向量机、决策树等分类器来实现目标识别。这些方法适合在嵌入式设备上进行实时处理。

2. 基于深度学习的方法

随着嵌入式设备性能的不断提升，基于深度学习的方法也开始在嵌入式系统中得到应用。深度学习模型如卷积神经网络可以在嵌入式设备上进行部署，通过端侧推理来实现图像目标的检测和识别。常用的深度学习模型包括快速区域卷积神经网络（faster region convolutional neural network，Faster R-CNN）、YOLO（you only look once）和单发多框检测器等，在嵌入式设备上可以采用轻量级的网络结构或模型压缩技术来满足资源有限的需求。

3. 移动端专用模型

针对嵌入式设备的特殊需求，一些针对移动端优化的深度学习模型被开发出来，如 MobileNet、Tiny YOLO 等。这些模型在设计时考虑了嵌入式设备的内存和计算资源限制，通过模型轻量化和量化等手段降低模型的复杂程度，适合在嵌入式系统中进行目标检测和识别。

4. 目标跟踪技术

除了单帧图像的目标检测和识别，对于视频流数据，目标跟踪技术也是非常重要的。在嵌入式系统中，可以使用基于光流的运动估计方法和简单的目标匹配算法来实现目标的连续跟踪，从而完成视频中目标的检测和识别。

综上所述，嵌入式系统中图像目标的检测和识别技术涵盖传统机器学习方法、基于深度学习的方法以及专门针对移动端优化的模型，同时也需要考虑目标跟踪技术在视频流数据处理中的应用。在实际应用中，需要根据具体的嵌入式设备性能和应用场景来选择合适的技术方案，以实现高效、准确的图像目标处理。

第三节　视频数据的采集与处理

考核知识点及能力要求：

- 了解视频数据采集原理。
- 了解视频数据格式的种类和特点。
- 掌握视频数据的采集技术。
- 掌握视频数据的处理方法。

一、视频数据相关知识介绍

（一）视频数据的基础知识

视频数据是指以时间为轴的一系列图像帧的集合，通过连续播放这些帧可以呈现出运动的影像。视频数据是连续的图像序列，每秒包含多幅静止图像（帧），在电视、电影、广播中被用于传输和展示。

1. 视频帧率

视频帧率表示每秒显示的视频帧数（frames per second，fps）。标准的视频帧率包括 24 fps（电影）、30 fps（电视）和 60 fps。较高的帧率可以提供更流畅的观感，但也需要更大的存储空间和更强的处理能力。

2. 视频分辨率

视频分辨率指视频图像的大小，通常以水平像素数和垂直像素数表示。常见的视频分辨率包括 720 P（1 280×720）、1 080 P（1 920×1 080）和 4K（3 840×2 160）。较高的分辨率可以提供更清晰的图像，但也需要更大的存储空间。

3. 视频编解码

视频编解码技术将视频信号转换为数字数据流，并进行压缩以减小数据量。编码器用于将视频信号编码成数字数据，解码器用于将数字数据解码成可显示的视频信号。常见的视频编码格式包括 H.264/AVC、H.265/HEVC、VP9 等。

4. 视频容器格式

视频容器格式是用于存储和传输视频数据的文件格式。视频容器格式包含视频流、音频流、字幕等多种数据流，还包括元数据信息，如视频时长、帧率、分辨率等。

5. 视频数据传输

视频数据可以通过多种方式进行传输，包括有线传输（如 HDMI、DisplayPort 等）、无线传输（如 Wi-Fi、蓝牙等）以及网络传输（如流媒体、视频会议等）。不同的传输方式对带宽、延迟和稳定性有不同的要求。

（二）视频数据格式介绍

1. RGB 格式

RGB（red，green，blue）是一种基本的颜色表示格式，它使用三个通道来表示图像中的红、绿和蓝三种颜色。在嵌入式系统中，RGB 格式常用于显示器输出和摄像头采集的图像数据。RGB 格式通常用于显示器输出和摄像头采集的图像数据，在需要保持颜色精度和图像质量的场景中较为常见。该类型数据主要应用于各类嵌入式显示器、LCD 屏幕、图像处理器等设备。

2. YUV 格式

YUV 是另一种常见的颜色表示格式，它将亮度（Y）和色度（U、V）分开存储，适合于数字视频信号的编码和传输。在实际应用中，常见的 YUV 格式包括 YUV420、

YUV422、YUV444 等多种子格式。YUV 格式常用于数字视频信号的编码和传输，适合于视频通信、流媒体传输等领域。该类型数据主要应用于视频会议设备、IP 摄像头、数字电视机顶盒、视频编解码器等设备。

3. H.264 格式

H.264 是一种常见的视频压缩标准，也称为高级视频编解码器（advanced video coding，AVC），它广泛应用于视频会议、流媒体和数字电视等领域。在嵌入式系统中，常需要对 H.264 格式的视频进行解码和播放。H.264 格式广泛应用于视频监控、视频会议、智能手机视频播放、流媒体传输等需要较高压缩比和良好视觉质量的场景。与该类型视频数据相关的硬件主要包括监控摄像头、智能手机、智能电视、视频会议终端、网络摄像头等。

4. H.265 格式

H.265 是 H.264 的后继标准，全称为高效视频编码（high efficiency video coding，HEVC）。相比于 H.264，H.265 能够以更高的压缩比实现同等画质的视频，因此在嵌入式系统中也有一定的应用。H.265 格式在需要更高的视频压缩比和更高清晰度的场景中得到应用，如超高清电视、视频监控、网络视频传输等。与之相关的硬件设备包括 4K/8K 电视、高清网络摄像头、视频监控系统、视频会议终端等。

5. MJPEG 格式

动态 JPEG（motion JPEG，MJPEG）是一种将视频帧逐一编码成 JPEG 格式的视频压缩方式，它虽然不如 H.264 和 H.265 等压缩比高，但在一些对实时性要求较高的嵌入式系统中仍然有所应用。MJPEG 格式通常应用于对实时性要求较高的场景，如视频监控、实时视频传输等。与之相关的硬件设备包括网络摄像头、嵌入式视频采集设备、一些低成本的视频采集卡等。

这些视频数据格式类型各有特点，选择合适的格式取决于具体的应用场景和功能需求。在嵌入式系统开发中，需要根据实际情况选择合适的视频数据格式，并设计相应的处理算法和硬件模块来实现视频数据的采集、编解码、处理和显示等功能。

二、视频采集相关技术

（一）视频数据采集原理

视频数据采集的原理是通过摄像机或其他设备捕获光信号，并将其转换为数字信号，以便进一步处理、存储和传输。下面是视频数据采集的基本原理。

1. 光信号的捕获

摄像机中的图像传感器或光敏器件负责接收光信号。当光线通过镜头进入摄像机时，光信号会照射到图像传感器上。图像传感器由许多微小的光敏元件组成，每个元件称为像素，将光信号转化为电荷。

2. 模拟信号的转换

图像传感器将光信号转换为模拟电信号。传感器中的每个像素测量光的强度，并将其转化为相应的电荷值。这些电荷值构成了模拟图像信号，其中每个像素对应一个电荷值。

3. 模数转换

模拟图像信号需要转换为数字信号才能在计算机或其他数字设备上进行处理。模数转换器将连续的模拟图像信号转换为离散的数字信号，通过对模拟信号的采样和量化来实现。

4. 数字信号的编码

通过 ADC 获得的数字信号可以进行进一步编码。常见的视频编码标准包括 H.264、H.265 等。视频编码压缩算法可以将视频信号的冗余信息去除，并对图像进行压缩，以减少数据量，从而实现高效存储和传输。

5. 数据处理与存储

经过编码后的视频数据可以进行各种处理和存储。这包括对视频进行编辑、增强、分析等操作，以及将视频保存在存储介质（如硬盘、云存储等）中。

总之，视频数据采集的原理涉及光信号的捕获、模拟信号到数字信号的转换、数字信号的编码以及对数据的处理和存储。这个过程涵盖光学、信号处理和计算机科学等多个领域的技术和知识。

（二）视频数据采集技术

视频数据的采集开发涉及从外部设备或媒体源中获取视频数据的过程。这种开发通常用于创建实时视频通信系统、多媒体应用程序、视频监控系统等。

视频信息采集开发一般涉及以下关键方面。

1. 视频采集硬件

需要选择适合需求的视频采集设备，如摄像头、采集卡等。视频采集设备通过接口，如通用串行总线、高清多媒体接口、串行数字接口（serial digital interface，SDI）等，将视频信号传输给计算机或其他设备。

2. 视频采集驱动程序

为了与视频采集设备进行通信，需要使用相应的驱动程序或API。这些驱动程序提供了与设备交互的接口，可以控制设备参数、启动采集、获取视频数据等。

3. 视频数据处理

获取视频数据后，需要对其进行处理。这包括解码、解析和转换等步骤，以便后续的处理和展示。常见的视频处理库和技术包括FFmpeg、OpenCV等。

三、视频数据处理技术

（一）视频数据处理技术简介

1. 视频编码技术

视频编码技术是将视频信号转换为数字数据流的过程。原始视频信号经过压缩和编码，以减少文件存储空间占用并保持视频质量。常见的视频编码标准包括H.264/AVC、H.265/HEVC、VP9等。

2. 视频解码技术

视频解码技术是将数字视频数据流解码为可显示的视频信号的过程。压缩的视频数据被还原为原始的视频图像，并通过显示设备进行显示。解码器通常需要与特定的编码标准兼容，以确保正确解码和显示。

3. 视频压缩技术

视频压缩技术是视频编码的核心，它通过去除视频信号中的冗余信息和不可察觉的细节，以减小数据量。视频压缩技术包括空间域压缩、运动补偿、熵编码等，以及利用帧间和帧内的相关性进行压缩。这些技术使得视频文件可以更高效地存储和传输。

4. 视频分析与标注技术

视频分析技术利用计算机视觉和机器学习，对视频内容进行理解，并提取信息，包括运动检测、对象识别与跟踪、动作识别等任务，以实现对视频内容的自动化分析。视频标注技术为视频数据添加语义信息和标记，以便于后续检索。这包括对象边界框标注、关键帧标记、场景分类等。

（二）视频数据编解码技术

以 H.264 编解码技术为例，H.264 是一种被广泛采用的视频编码标准，它提供了高效的视频压缩和高质量的视频编解码技术。

1. H.264 编码技术

（1）帧内预测。H.264 使用块级别的帧内预测技术，通过对图像中的像素进行预测来减少冗余信息。这种预测方式可以减少图像中的空间冗余，从而实现更好的压缩效果。

（2）帧间预测。H.264 还利用帧间预测技术，通过对连续帧之间的像素运动进行预测，来减少视频序列中的时间冗余。这种方法能够找到不同帧之间的相似性，并对运动信息进行编码，以实现更好的压缩效果。

（3）变换与量化。H.264 使用离散余弦变换对预测误差进行变换，并采用可变长度编码和熵编码技术对变换系数进行量化，以减小数据量。

（4）熵编码。H.264 使用上下文自适应二进制算术编码（context-adaptive binary arithmetic coding，CABAC）和上下文自适应可变长度编码（context-adaptive variable-length coding，CAVLC）等技术对量化后的系数进行编码，以进一步提高压缩比和编码效率。

2. H.264 解码技术

（1）解码器。解码器对压缩的视频数据进行解码，就可以恢复量化系数和运动信息。

（2）逆量化与逆变换。解码器对量化后的系数进行逆量化和逆变换，得到预测误差。

（3）帧重构。根据帧内预测、帧间预测和运动信息，解码器进行帧重构，生成还原的视频帧。

（4）显示。解码器将还原的视频帧送至显示设备进行显示，完成整个解码过程。

H.264 编解码技术通过多种方法实现了对视频信号的高效压缩和高质量的解码，使得其成为各种应用中的主流视频编码标准，包括流媒体、广播、视频会议等领域。

3. H.264 编解码过程

Linux 操作系统下使用摄像头作为设备获取视频数据，摄像头原始数据一般为 YUYV422 格式的数据，而一般常用的是 YUV420P 格式，所以编码之前需要将其转换为 YUV420P 格式。编码过程包括读取摄像头 YUYV422 数据、转换为 YUV420P 格式、编码为 H.264 流、保存文件。

（1）摄像头采集 YUYV422 格式数据。在主函数程序中声明变量，打开摄像头，设置摄像头的格式为 YUYV422 格式。代码如下：

```
// 打开摄像头设备
    fd = open("/dev/video0", O_RDWR);
    if (fd == -1) {
        perror("Failed to open video device");
        exit(EXIT_FAILURE);
    }
    // 设置摄像头格式为 YUYV422
    fmt.type = V4L2_BUF_TYPE_VIDEO_CAPTURE;
    fmt.fmt.pix.width = WIDTH;
    fmt.fmt.pix.height = HEIGHT;
    fmt.fmt.pix.pixelformat = V4L2_PIX_FMT_YUYV;
    fmt.fmt.pix.field = V4L2_FIELD_NONE;
    if (ioctl(fd, VIDIOC_S_FMT, &fmt) == -1) {
```

```
        perror("Failed to set video format");
        exit(EXIT_FAILURE);
    }
```

使用 open( ) 函数打开 /dev/video0，这是系统中默认的摄像头设备。如果打开失败，程序将输出错误信息并退出。

V4L2（video for Linux 2）是 Linux 内核中关于视频设备驱动的框架。通过 V4L2 的 ioctl( ) 命令设置摄像头的捕获格式为 YUYV422，同时设置了视频的宽度和高度。

（2）将数据转换为 YUV420P 格式数据。首先注册所有编解码器和格式。其次查找 H.264 编码器，并为其分配一个上下文。最后设置编码参数，如比特率、分辨率、帧率等，打开编码器。代码如下：

```
// 初始化 FFmpeg 编码器
    av_register_all();
    avcodec_register_all();
    AVCodec *codec = avcodec_find_encoder(AV_CODEC_ID_H.264);
    AVCodecContext *codecContext = avcodec_alloc_context3(codec);
    // 设置编码参数
    codecContext->bit_rate = 400000;
    codecContext->width = WIDTH;
    codecContext->height = HEIGHT;
    codecContext->time_base = (AVRational){1, 25};
    codecContext->framerate = (AVRational){25, 1};
    codecContext->gop_size = 10;
    codecContext->max_b_frames = 1;
    codecContext->pix_fmt = AV_PIX_FMT_YUV420P;
    if (avcodec_open2(codecContext, codec, NULL) < 0) {
```

```
        fprintf(stderr, "Could not open codec\n");
        exit(EXIT_FAILURE);
    }
```

分配 AVFrame 结构体，并设置其宽度、高度和像素格式。这个结构体将用于存储转换后的 YUV420P 格式的视频帧，并为 AVFrame 分配缓冲区。代码如下：

```
// 初始化 AVFrame
    AVFrame *frame = av_frame_alloc();
    frame->width = WIDTH;
    frame->height = HEIGHT;
    frame->format = AV_PIX_FMT_YUV420P;
    if (av_frame_get_buffer(frame, 32) < 0) {
        fprintf(stderr, "Could not allocate video frame\n");
        exit(EXIT_FAILURE);
```

使用 FFmpeg 的 sws_getContext 函数初始化 SwsContext 结构体，用于将 YUYV422 格式的数据转换为 YUV420P 格式。YUV420P 是 H.264 编码所需的格式。代码如下：

```
    struct SwsContext *swsContext = sws_getContext(WIDTH, HEIGHT, AV_PIX_FMT_
YUYV422,WIDTH, HEIGHT, AV_PIX_FMT_YUV420P,SWS_BILINEAR, NULL, NULL, NULL);
    if (!swsContext) {
        fprintf(stderr, "Could not initialize the conversion context\n");
        exit(EXIT_FAILURE);
    }
```

通过一个无限循环中，从摄像头读取 YUYV422 格式的数据到 yuyv_buffer。再使用 SwsContext 结构体将数据从 YUYV422 转换为 YUV420P，并存储在 AVFrame 中。代码如下：

```
// 读取 YUYV422 数据、转换为 YUV420P 格式、编码为 H.264 流、保存到文件
while (1) {
    // 读取 YUYV422 数据
    if (read(fd, yuyv_buffer, BUFFER_SIZE) == -1) {
      perror("Failed to read data from camera");
      exit(EXIT_FAILURE);
    }
    // YUYV422 到 YUV420P 转换
    sws_scale(swsContext, (const uint8_t *const *)&yuyv_buffer, &(int[]){WIDTH * 2},
0, HEIGHT,
      frame->data, frame->linesize);
```

（3）数据转换为 H.264 流。将 AVFrame 发送到编码器进行编码，并接收编码后的 H.264 数据包，将 H.264 数据包写入输出文件中。代码如下：

```
// 编码为 H.264
      AVPacket pkt;
      av_init_packet(&pkt);
      pkt.data = NULL;
      pkt.size = 0;
      if (avcodec_send_frame(codecContext, frame) < 0 || avcodec_receive_packet
(codecContext, &pkt) < 0)
          break;
      // 保存到文件
      fwrite(pkt.data, 1, pkt.size, outFile);
      av_packet_unref(&pkt);
  }
```

思考题

1. 音频信号数字化的过程包括哪些步骤？
2. 图像数据有哪些格式，不同种类的图像数据格式具有什么特点？
3. 常见的视频数据格式有哪几种，各有什么特点？
4. H.264 格式的视频数据编解码过程的一般步骤是什么？

第四章 智能化设备接口开发

智能化设备是指其自身具备计算能力，可接收来自外部源的数据或向外部发送数据，能进行智能控制的装置、仪器或机器。随着电子技术的发展，智能化设备可以被构建到越来越多的装置中，功能完备的智能化设备必须具备较强的感知能力、计算和判断能力、执行能力。智能化设备能对获取的数据进行加工处理，并且可以通过标准的接口与外界实现数据交换，能根据实际需要通过软件控制传感器的工作，从而实现智能化。智能化设备接口是连接智能化设备与外部环境或其他设备的桥梁，包括通信接口、网络接口、外部设备接口等。这些接口在智能物联网设备、工业自动化、智能医疗和智能车载系统等领域起到关键作用。

- **职业功能：** 物联网感知控制开发。
- **工作内容：** 智能化设备接口开发。
- **专业能力要求：** 能完成数据处理和协议转换的接口开发；能完成与智能或数字设备的通信接口开发。
- **相关知识要求：** 协议转换知识；通信接口知识。

第一节　数据处理与协议转换

考核知识点及能力要求：

- 了解字符串数据处理方法。
- 了解正则表达式应用方法。
- 掌握协议转换接口开发知识。

一、字符串数据处理

在数据处理中，字符串处理技术是至关重要的。熟练掌握字符串相关函数的使用，以及通配符和正则表达式的应用，能够高效处理各种形式的数据。字符串函数能够实现截取、连接、复制等操作，为数据操作提供了灵活性和多样性。通配符和正则表达式在字符串匹配和搜索中发挥重要作用，能够实现模糊匹配和批量处理等操作，从而提高了数据处理的效率和准确性。

在数据分析、数据挖掘等领域，数据清洗是必不可少的步骤之一。使用字符串处理技术可以清洗数据，去除无效或错误的数据，确保数据的准确性和可靠性。Linux 操作系统中的日志文件通常包含大量字符串数据，使用字符串处理技术可以分析这些日志文件，提取有用的信息，如异常事件、攻击行为等。在自动化脚本中，经常需要处理字符串数据。使用字符串处理技术可以帮助自动化脚本更好地解析和处理这些数据，提高脚本的效率和准确性。总之，字符串处理可以帮助用户更好地处理数据、编写脚本和程序，提高数据处理的可靠性和效率。

二、常用字符串数据处理方法

（一）字符串长度

strlen( ) 函数用于计算字符串长度，其函数原型如下：

```
size_t strlen(const char *s);
参数 s：需要进行长度计算的字符串，字符串必须包含结束字符 '\0'。
返回值：返回字符串长度（以字节为单位），字符串结束字符 '\0' 不计算在内。
```

（二）字符串拼接

strcat( ) 函数的作用是将两个字符串连接起来，其函数原型如下：

```
char *strcat(char *dest, const char *src);
参数 dest：目标字符串。
参数 src：源字符串。
返回值：返回指向目标字符串 dest 的指针。
```

（三）字符串拷贝

strcpy( ) 函数的作用是字符串拷贝，其函数原型如下：

```
char *strcpy(char *dest, const char *src);
参数 dest： 目标字符串。
参数 src： 源字符串。
返回值： 返回指向目标字符串 dest 的指针。
```

strcpy( ) 函数会把 src（必须包含结束字符 '\0'）指向的字符串复制（包括字符串结束字符 '\0'）到 dest，所以必须保证 dest 指向的内存空间足够大，能够容纳 src 字符串，否则会导致溢出错误。

（四）字符串比较

strcmp( ) 函数的作用是进行字符串比较，通过比较字符串中的字符对应的 ASCII

码值，strcmp( ) 函数会根据 ASCII 编码依次比较 str1 和 str2 的每一个字符，直到出现不同的字符，或者某一字符串已经到达末尾，其函数原型如下：

```
int strcmp(const char *str1, const char *str2);
参数 str1：进行比较的字符串 1。
参数 str2：进行比较的字符串 2。
返回值：如果返回值小于 0，则表示 str1 小于 str2；如果返回值大于 0，则表示 str1 大于 str2；如果返回值等于 0，则表示字符串 str1 等于字符串 str2。
```

（五）字符串查找

strstr( ) 函数的作用是在给定的字符串中查找第一次出现子字符串的位置，不包含结束字符 '\0'，其函数原型如下：

```
char *strstr(const char *haystack, const char *needle);
参数 haystack：目标字符串。
参数 needle：需要查找的子字符串。
返回值：如果目标字符串 haystack 中包含了子字符串 needle，则返回该字符串首次出现的位置；如果未能找到子字符串 needle，则返回 NULL。
```

三、通配符和正则表达式

（一）通配符

Linux 操作系统在文件管理方面提供了丰富的功能，例如通配符，它是一种用于匹配文件名的特殊字符。通配符在 Linux 中可以帮助我们更加方便和快捷地查找和操作文件。以下是一些常见的 Linux 通配符。

1. 星号

星号（*）通常用于匹配任何字符，包括数字、字母和符号。操作人员可以使用星号指定应用程序需要查找任何字符的相应位置。例如，如果要显示目录中所有的 C 文件，则可以使用以下命令：

```
# ls *.c
```

通配符“*”表示任何字符，文件名以“.c”结尾才会列出。运行以上命令后，控制台会输出目录中所有以“.c”结尾的文件名。

2. 问号

问号（？）通配符匹配文件名中单个字符。在文件名中，问号占用了字符位置，能够匹配任何字符。例如，如果想列出所有名称以“a”为第一个字母、第三个字母为“c”以及倒数第二个字母是小写字母“x”的文件，可以使用以下命令：

```
# ls a?c.x?
```

3. 方括号

方括号（[ ]）通配符用于匹配指定字符集范围中的一个字符。如果需要匹配一小段字符集范围，可以使用该通配符。例如，如果要匹配所有以“a”“d”开头的文件，可以使用以下命令：

```
# ls [ad]*
```

4. 花括号

花括号（{ }）通配符提供了一种在 Linux 中生成文件名的方法。若文件名中有几个不同的选项，就可以使用此通配符。它会自动将多个选项组合成唯一的字符串。例如，如果要查找包含课程名（语文、数学、物理）的文件名，则可以使用以下命令：

```
# ls {Yuwen,Shuxue,Wuli}*
```

（二）正则表达式

正则表达式是一种强大的文本处理工具，它使用一系列特定的字符和符号来定义一种搜索模式，这种模式可以用于匹配、查找、替换文本中的特定字符串。在 Linux 操作系统中，正则表达式被广泛应用于各种文本处理任务。Linux 正则表达式的主要意义包括文本处理、数据验证、自动化脚本、提高效率等几个方向，是学习 Linux 操作系统和编程语言的重要内容之一。C 语言中使用正则表达式一般分为三步：编译正则表达式、匹配正则表达式、释放正则表达式。

1. regcomp( ) 函数

regcomp( ) 函数把指定的正则表达式 pattern 编译成一种特定的数据格式 compiled，这样可以使匹配更有效。regexec( ) 函数会使用这个数据在目标文本串中进行模式匹配。执行成功返回 0。其函数原型如下：

```
int regcomp (regex_t *compiled, const char *pattern, int cflags);
```

参数说明：

regex_t 是结构体数据类型，用来存放编译后的正则表达式，它的成员 re_nsub 用来存储正则表达式中的子正则表达式的个数，子正则表达式就是用圆括号包起来的部分表达式。pattern 是指向写好的正则表达式的指针。cflags 有如下 4 个值或者是它们或运算 (|) 后的值：REG_EXTENDED 以功能更加强大的扩展正则表达式的方式进行匹配；REG_ICASE 匹配字母时忽略大小写；REG_NOSUB 不用存储匹配后的结果；REG_NEWLINE 识别换行符，这样 '$' 就可以从行尾开始匹配，'^' 就可以从行首开始匹配。

2. regexec( ) 函数

编译好正则表达式后，就可以用 regexec() 函数匹配目标文本串。其函数原型如下：

```
int regexec (regex_t *compiled, char *string, size_t nmatch, regmatch_t matchptr [], int eflags);
```

参数说明：

compiled 是已经用 regcomp() 函数编译好的正则表达式。string 是目标文本串。nmatch 是 regmatch_t 结构体数组的长度。regmatch_t 类型的结构体数组，存放匹配文本串的位置信息。eflags 有两个值：REG_NOTBOL 让特殊字符 '^' 无作用；REG_NOTEOL 让特殊字符 '$' 无作用。

如果编译正则表达式的时候没有指定 cflags 的参数为 REG_NEWLINE，则默认情况下是忽略换行符的，也就是把整个文本串当作一个字符串处理，执行成功返回 0。regmatch_t 是结构体数据类型，在 regex.h 中定义如下：

```
typedef struct
{
    regoff_t rm_so;
    regoff_t rm_eo;
} regmatch_t;
```

成员 rm_so 存放匹配文本串在目标串中的开始位置，rm_eo 存放结束位置。通常以数组的形式定义一组这样的结构，因为往往正则表达式中还包含子正则表达式。数组 0 单元存放主正则表达式位置，后边的单元依次存放子正则表达式位置。

3. regfree( ) 函数

使用编译好的正则表达式后，或者要重新编译其他正则表达式时，可以用这个函数清空 compiled 指向的 regex_t 结构体的内容，如果重新编译，一定要先清空 regex_t 结构体：

```
void regfree (regex_t *compiled) ;
```

4. regerror( ) 函数

当执行 regcomp( ) 或者 regexec( ) 操作产生错误时，可以调用这个函数而返回包含错误信息的字符串。其函数原型如下：

```
size_t regerror (int errcode, regex_t *compiled, char *buffer, size_t length);
参数说明：
errcode 是由 regcomp() 和 regexec() 函数返回的错误代号。compiled 是已经用 regcomp() 函数编译好的正则表达式，这个值可以为 NULL。buffer 指向用来存放错误信息的字符串的内存空间。length 指明 buffer 的长度，如果这个错误信息的长度大于这个值，则 regerror() 函数会自动截断超出的字符串，但仍然会返回完整的字符串的长度。
```

四、协议转换基础

（一）协议转换

协议转换在 Linux 操作系统开发中也扮演着重要角色，涉及将不同网络协议之间的数据进行转换和适配，以及将数据从一种格式转换为另一种格式等操作。

1. 网络协议转换

在 Linux 操作系统中，开发人员可以利用丰富的网络编程库和工具，对不同网络协议之间的数据进行转换和适配。例如，进行 TCP/IP 到 UDP 的转换、IPv4 到 IPv6 的转换等操作。

2. 数据格式协议转换

通过使用各种数据处理工具和编程语言，实现将数据从一种格式转换为另一种格式的操作。这包括将二进制数据转换为文本格式，以及将一种自定义数据格式转换为标准格式等。

3. 接口协议转换

在 Linux 操作系统开发中，可能涉及将不同硬件或软件接口之间的通信协议进行转换，以确保它们可以相互通信和交换数据。这需要充分利用 Linux 操作系统提供的丰富的接口和通信工具来实现。

（二）协议转换的方法

1. 协议转换工具和库

Linux 操作系统提供了许多网络编程库和工具，如 libpcap、iptables 等，可以帮助开发人员进行协议转换操作。例如，libpcap 可以捕获和分析网络数据包，实现对数据包的解析和转换；iptables 则可以进行网络数据包的过滤和转发，支持对不同协议的转换和处理。

2. socket 编程

通过 socket 编程，开发人员可以直接控制网络通信过程，实现不同协议之间的数据传输和转换。使用 socket API，可以创建不同类型的套接字，实现不同协议之间的转换。

3. 协议中间件

借助各种协议中间件，如消息队列系统、远程过程调用（remote procedure call，RPC）框架等，可以实现不同系统之间的通信协议转换。这些中间件可以提供协议适配层，实现不同协议之间的通信转换和映射，简化开发人员的工作。

4. 协议转换算法

针对特定的协议转换需求，开发人员可以设计和实现专门的协议转换算法。例如，在数据格式转换时，可以采用特定的编解码算法，将数据从一种格式转换为另一种格式，确保数据在不同系统之间的兼容性和可靠性。

5. 协议适配器模式

利用适配器模式，可以实现不同协议之间的适配和转换。通过定义统一的接口和适配器类，将不同协议适配到统一接口上，从而实现协议之间的平滑转换和集成。

五、协议转换开发

以下以数据格式协议转换为例，讲解 JSON 协议的转换开发方法。

（一）JSON 协议

JavaScript 对象表示法（JavaScript object notation，JSON）是一种轻量级数据交换的文本格式，它采用完全独立于编程语言的文本格式来存储和表示数据。简洁和清晰的层次结构使 JSON 成为理想的数据交换语言。JSON 之所以受欢迎，是因为它并没有改变开发人员的使用习惯，仍然使用 JavaScript 语法来描述数据对象，这更容易被开发人员接受。基于这种相似性，JavaScript 程序不需要解析器便可以直接用 JSON 数据生成原生的 JavaScript 对象。

1. JSON 语法

在 JavaScript 语言中，任何支持的类型，如字符串、数值、对象、数组等，都可以用 JSON 表示。JSON 语法是 JavaScript 对象表示法的子集。数据在键 / 值对中，键 / 值对可以嵌套。数据由逗号分隔。花括号保存对象，对象可以包含多个键 / 值对。方括号保存数组，数组可以包含多个对象。JSON 不是 JavaScript 语句，对象的末尾没有分号，对象和数组的最后一个成员后面，也不能加逗号。

2. JSON 键 / 值对

JSON 键 / 值（key/value）对由键和值组成，键必须是字符串，值可以是字符串（string）、数值（number）、对象（object）、数组（array）、真值（true）、假值（false）、空值（null），如图 4-1 所示。

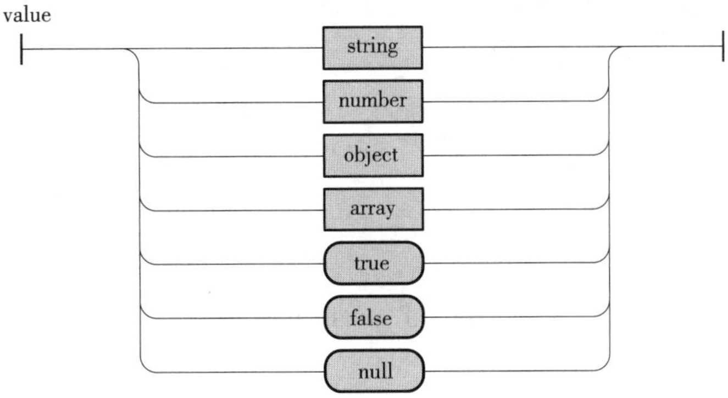

图 4-1　JSON 键 / 值对

定义 JSON 键 / 值对时，先定义键名，后面写一个冒号，然后引出值。

3. JSON 字符串

JSON 字符串跟 C 语言或者 Java 字符串非常相似，是由双引号包围的任意数量 Unicode 字符的集合，支持反斜线转义，如图 4-2 所示。

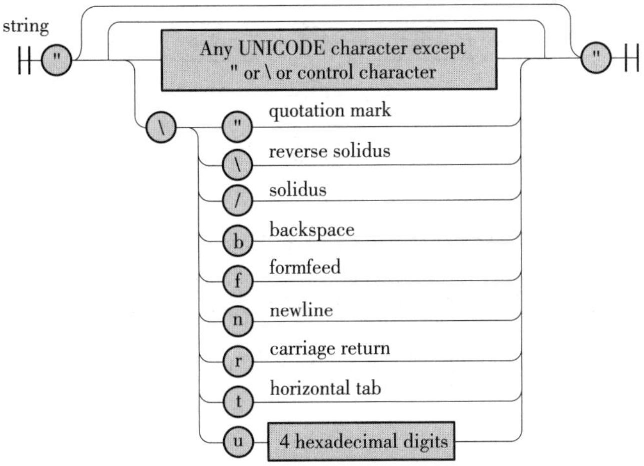

图 4-2　JSON 字符串

由于 JSON 字符串不能使用单引号，因此一个字符就是一个单独的字符串。

4. JSON 数值

JSON 数值与 C 语言或者 Java 的数值非常相似，支持整型、浮点型，浮点型也可以用指数表示，如图 4–3 所示。

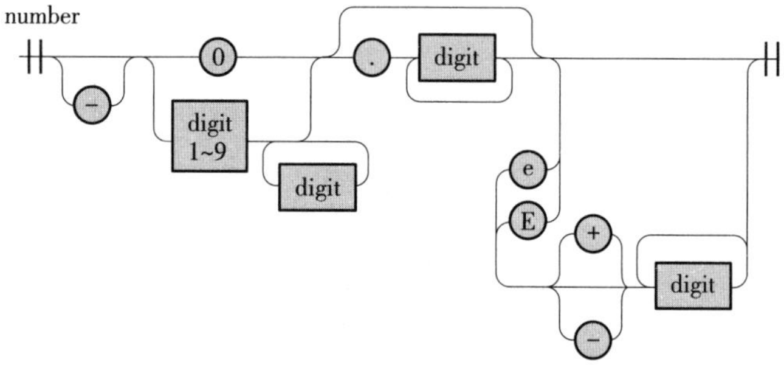

图 4–3　JSON 数值

JSON 不支持八进制和十六进制，数值必须以十进制表示。

5. JSON 对象

JSON 对象是一个无序的 key/value 对的集合。一个对象以 '{' 开始，以 '}' 结束，每个 key 和 value 中使用冒号分隔，每个 key/value 对之间使用逗号分隔。JSON 对象如图 4–4 所示。

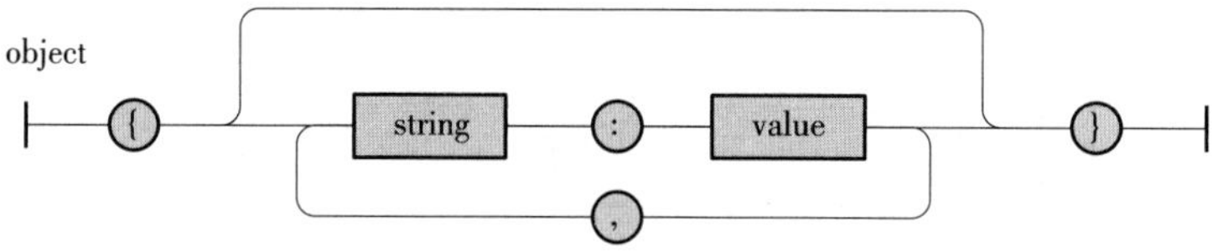

图 4–4　JSON 对象

对象在大括号 ({ }) 中书写。对象可以包含多个 key/value 对。key 是字符串，必须放在双引号里面。value 可以是合法的 JSON 数据类型。key/value 对内部的 key 和 value 使用冒号 (:) 分隔。key/value 对之间，使用逗号 (,) 分隔。对象可以嵌套，合法的 JSON 对象如下：

```
{
"weibo": "https://weibo.com/ " ,
"github": "https://github.com/" ,
"qq": {
"number": "123456789",
"email": "123456789@qq.com"
}
}
```

（二）JSON 协议转换接口

虽然 C 语言本身不支持 JSON 数据，但是可以通过 cJSON 库使得 C 语言支持 JSON 格式的数据。cJSON 作为 JSON 格式的解析库，其主要功能是构建和解析 JSON 报文，一端将要发送的数据用 cJSON 形式封装，然后发送，另一端收到此数据后，还是以 cJSON 形式解析，就可以得到想要的数据。

1. 安装 cJSON 库

首先下载 cJSON 源代码，下载完成后有一个 cJSON 目录。

进入 cJSON 目录，在里面建立 build 目录，然后进入 build 目录，输入 cmake 生成 Makefile 文件，指令如下：

```
cd cJSON
mkdir build
cd build
cmake ..
```

回到顶级目录，可以看到目录下生成了 Makefile 文件，此时输入 make 对 cJSON 进行编译，编译完成之后输入 make install 进行安装。

2. 编译包含 cJSON 库程序

编译包含 cJSON 库的程序时，需要将 cJSON.h 拷贝到 /usr/local/include/ 目录下，然

后将源码目录下的 cJSON.c 文件拷贝到项目目录下进行编译使用。

3. cJSON 结构

cJSON 结构定义在 cJSON.h 头文件中，每个 JSON 对象就是用这个结构表示的，其定义如下所示：

```
typedef struct cJSON {
  struct cJSON *next,*prev;  // 用于遍历数组或对象链的前后向后链表指针
  struct cJSON *child;      // 指向数组或对象的子节点
  int type;             // 代表 JSON 是 value 的类型
  char *valuestring;       // 如果 value 是字符串类型，则该值指向 value
  int valueint;          // 如果 value 是整数类型，则该值指向 value
  double valuedouble;     // 如果 value 是浮点数类型，则该值指向 value
  char *string;          //string 是 key 的名称
} cJSON;
```

4. JSON 格式封装接口

使用 cJSON 库进行协议封装函数开发，如添加数据序列号、温度、时间到 JSON 数据中，代码如下：

```
int Package_JSON(char *buf, char *str, double tem, char *time)
{
  cJSON   *json;
  char    *ptr = NULL;
  json = cJSON_CreateObject();
  cJSON_AddItemToObject(json, "sn", cJSON_CreateString(str)); // 添加序列号
  cJSON_AddNumberToObject(json, "temp", tem);// 添加温度数据
  cJSON_AddStringToObject(json, "time", time);// 添加时间数据
  ptr = cJSON_Print(json);
```

```
    strcpy(buf, ptr);
    free(ptr);
    cJSON_Delete(json);
    return strlen(buf);
}
```

5. JSON 格式解析接口

使用 cJSON 库进行协议解析函数开发，如解析一个包含数据序列号、温度、时间的 JSON 数据，代码如下：

```
int Parse_JSON(char *buf, char *sn, double *tem, char *time)
{
    cJSON   *root;
    cJSON   *temp;
    char    *ptr;
    root = cJSON_Parse(buf);
    temp = cJSON_GetObjectItem(root, "sn");
    ptr = cJSON_Print(temp);
    strcpy(sn, ptr);
    free(ptr);
    temp = cJSON_GetObjectItem(root, "temp");
    ptr = cJSON_Print(temp);
    *tem = atof(ptr);
    free(ptr);
    temp = cJSON_GetObjectItem(root, "time");
    ptr = cJSON_Print(temp);
    strcpy(time, ptr);
```

```
    free(ptr);
    cJSON_Delete(root);
    return 1;
}
```

第二节　智能化设备通信接口开发

考核知识点及能力要求：

- 了解常规通信接口应用和功能。
- 掌握 Linux 设备通信接口开发方法。
- 掌握 I2C 接口智能化设备驱动开发相关知识。

通信接口开发在嵌入式系统中扮演至关重要的角色，它涉及与外部设备或其他系统之间进行数据交换和通信的关键技术。在嵌入式系统中，驱动程序是连接硬件接口和操作系统的桥梁，它使操作系统能够识别、控制和与各种接口进行数据交换。对于不同的通信接口技术，开发人员需要熟悉不同芯片内核的架构和编程接口，掌握 C 语言、汇编语言等底层编程技能，并深入了解特定通信接口的工作原理、寄存器配置、数据传输协议等细节信息。此外，开发人员还需要使用调试工具和仿真器等设备进行驱动程序的调试和测试，确保驱动程序与通信接口的正确交互及稳定性。因此，开发人员需要全面了解通信接口技术与芯片内核之间的交互，以确保系统的稳定性和可靠性。

一、智能化设备通信接口

智能化设备通信接口是智能化设备与外部系统进行数据交互的关键桥梁，涵盖硬件和软件两大部分。这些接口的存在，让设备能够轻松互联、传递信息、接收指令并给出反馈，从而实现高度智能化的控制与操作目标。在设计智能化设备及实现其功能时，通信接口扮演了举足轻重的角色。

（一）常用通信接口介绍

1. 通用异步收发器（universal asynchronous receiver/transmitter，UART）

UART 是一种简单而常见的串行通信接口，采用一对数据线进行全双工通信。UART 通常用于短距离通信，如连接传感器、显示器、GPS 模块等外部设备。在嵌入式系统中，通常需要实现 UART 驱动程序来控制数据的发送和接收，并考虑波特率、数据位、停止位等参数的配置。

2. 串行外设接口（serial peripheral interface，SPI）

SPI 是一种高速的串行通信接口，通常由主设备和从设备组成。SPI 接口使用四根线进行通信，包括时钟线、数据输入线、数据输出线和片选线。SPI 通常用于连接存储器芯片、传感器、显示屏等设备，可以实现高速数据传输。

3. 集成电路总线（inter-integrated circuit，I2C）

I2C 是一种双线制串行总线，通过两根线进行通信，包括时钟线（SCL）和数据线（SDA）。I2C 总线通常用于连接各种传感器、存储器和其他外设，同时支持多个设备在同一总线上进行通信，但需要管理设备地址并解决冲突。

4. 控制器局域网（controller area network，CAN）

CAN 总线是一种多主机串行通信协议总线，广泛应用于汽车领域和工业控制领域。CAN 通信具有高可靠性和抗干扰能力，适用于需要实时性和可靠性的场合，如车载网络、工厂自动化等。

5. 模块总线（Modbus）通信

Modbus 是一种串行通信协议，广泛应用于工业控制领域。Modbus 通信可以通过串口或者以太网实现，用于实现不同设备之间的数据交换和控制命令传输。

（二）嵌入式系统通信接口开发

通信接口的开发首先是通过驱动开发实现的。例如，嵌入式 Linux 操作系统驱动开发通常包括字符设备驱动、块设备驱动和网络设备驱动等。字符设备驱动是最基本的一类设备驱动，常见的字符设备包括输入子系统、GPIO 控制、UART 控制、SPI/I2C 总线上的设备等。块设备驱动是针对存储设备开发的驱动程序，如硬盘、U 盘等。网络设备驱动则是用于实现网络通信的驱动程序，如网卡驱动等。

1. 字符设备

字符设备是能够像字节流一样被访问的设备，当对字符设备发出读写请求时，相应的 I/O 操作立即发生。例如，嵌入式 Linux 操作系统中很多设备都是字符设备，如字符终端、串口、键盘、鼠标等。在嵌入式 Linux 开发中，接触最多的就是字符设备及驱动。

2. 块设备

块设备是指以固定大小的块为单位进行读写的设备。它们以块为单位处理数据，而非按字节或字符进行操作。块设备能够安装文件系统，其驱动会利用一块系统内存作为缓冲区，因此对块设备发出读写访问，并不一定立即产生硬件 I/O 操作。硬盘是嵌入式 Linux 操作系统中常见的块设备。

3. 网络设备

网络设备既可以是网卡这样的硬件设备，也可以是纯软件设备，如回环设备。网络设备由 Linux 操作系统的网络子系统驱动，负责数据包的发送和接收，而不是面向流设备，因此在 Linux 操作系统中网络设备没有节点。对网络设备的访问通过 socket 调用实现，而不是普通的文件操作（如 open/close、read/write 等）。

二、字符设备驱动开发

（一）开发步骤

字符设备对数据的处理以字节流的形式进行。字符设备的开发流程如图 4-5 所示。

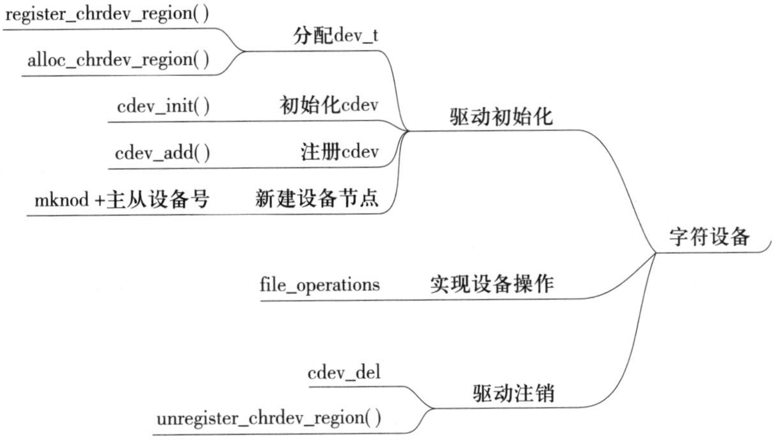

图 4-5　字符设备的开发流程

在 Linux 驱动开发中需要初始化相应的外设寄存器，根据规定的框架来编写驱动。Linux 驱动有两种运行方式，第一种是将驱动编译进 Linux 内核中，当 Linux 内核启动时就会自动运行驱动程序。第二种是将驱动编译成模块，Linux 内核启动以后使用 insmod 命令加载驱动模块。

模块的加载和卸载函数注册方式如下：

```
module_init(xxx_init);   // 注册模块加载函数
module_exit(xxx_exit);   // 注册模块卸载函数
```

module_init( ) 函数用来向 Linux 内核注册模块加载函数，参数 xxx_init 是需要注册的具体函数，当使用 insmod 命令加载驱动时，xxx_init 这个函数就会被调用。module_exit( ) 函数用来向 Linux 内核注册模块卸载函数，参数 xxx_exit 就是需要注册的具体函数，当使用 rmmod 命令卸载驱动模块时，xxx_exit 函数就会被调用。

1. 设备编号的定义与申请

设备编号包括主设备号和次设备号两部分。主设备号用来标识与设备文件相关的驱动程序，反映设备类型。次设备号为内核所用，被驱动程序用来辨别区分同类型的具体某个设备。

（1）设备号的内部表达。在内核中，保存设备号使用类型 dev_t。这是一个 32

位的无符号整型设备号，其中高12位为主设备号，低20位为次设备号。可以使用宏来获取一个设备号的主设备号和次设备号，定义在 <linux/kdev_t.h> 文件中。函数如下：

```
MAJOR(dev_t dev)    // 获取主设备号
MINOR(dev_t dev)    // 获取次设备号
```

可以将主次设备号组合成完整的 dev_t 类型的设备号。函数如下：

```
MKDEV(int major, int minor)    // 将主次设备号转换成 dev_t
```

（2）分配主次设备号。Linux 可以采用静态申请和动态分配两种方法来分配主次设备号。

1）静态申请。可以使用 register_chrdev_region( ) 函数进行静态申请。参数 count 为所请求的连续设备编号个数，如果 count 过大，可能会和下一个主设备号重叠。参数 name 为设备名，注册后出现在 /proc/devices 和 sysfs 中。函数如下：

```
int register_chrdev_region(dev_t first, unsigned int count, char *name)
```

2）动态分配。对于一个新的驱动程序，应该使用动态分配机制获取主设备号。函数如下：

```
int alloc_chrdev_region(dev_t *dev, unsigned int first, unsigned int count, char *name)
```

不管用何种方法分配，主设备号不用时都要释放掉，释放函数原型如下：

```
void unregister_chrdev_region(dev_t first, unsigned int count);
```

静态申请的优点是比较简单；缺点是一旦驱动程序被广泛使用，随机选定的主设备号可能会造成冲突，使驱动程序无法注册。动态申请的优点是简单且易于驱动推广；缺点是无法在驱动安装前创建设备文件，因此不能保证分配的主设备号始终一致。

2. 定义初始化接口

file_operations 结构体是把系统调用和驱动函数关联起来的关键。这个结构的每一个成员都对应一个系统调用，相应的系统调用将读取 file_operations 中相应的函数指针，接着把控制权转交给函数，从而完成 Linux 设备驱动程序工作。在系统内部，I/O 设备的存取操作通过特定的入口点来进行，而这组特定的入口点恰恰是由设备驱动提供的。通常这组设备驱动程序接口由 file_operations 结构体向系统说明，它定义在 include/linux/fs.h 中。传统上，file_operations 结构或者其指针称为 fops（或者它的一些变体），结构中的每个成员必须指向驱动中的函数，这些函数实现一个特别的操作，或者对于不支持的操作留置为 NULL。当指定为 NULL 指针时，内核的行为函数是不同的。以下是 file_operations 的声明：

```
struct file_operations my_fops =
{
    .owner =  THIS_MODULE,
    .llseek =  my_llseek,
    .read =  my_read,
    .write =  my_write,
    .ioctl =  my_ioctl,
    .open =  my_open,
    .release =  my_release,
};
```

3. 分配 cdev 结构体与注销

内核在内部使用类型 cdev 结构体来代表字符设备。在内核调用设备操作之前，必须分配一个结构体并注册给 Linux 内核，在这个结构体里有对该设备进行操作的函数，具体定义在 file_operations 结构体中。可以通过 cdev_alloc( ) 函数和 cdev_del( ) 函数获取和注销 cdev 结构体。代码如下：

```
struct cdev {
struct kobject kobj;
struct module *owner;
const struct file_operations *ops;
struct list_head list;
dev_t dev;
unsigned int count;
};
struct cdev* cdev_alloc(void); // 获取 cdev
void cdev_del(struct cdev *p); // 注销 cdev
```

4. 绑定主次设备号

在分配到 cdev 结构体后将它初始化，并将对该设备驱动所支持的系统调用函数存放在 file_operations 结构体中添加进来，然后通过 cdev_add( ) 函数将它们注册给 Linux 内核，这样就完成了整个 Linux 设备的注册过程。cdev_add( ) 函数原型如下：

```
int cdev_add(struct cdev *dev, dev_t num, unsigned int count);
//dev：cdev 结构
//num：该设备相应的第一个设备号
//count：应当关联到设备的设备号数目
```

内核通过哈希表（散列表）来记录设备编号。哈希表由数组和链表组成，有吸收数组查找快、链表增删效率高、容易拓展等优点。使用哈希函数可以使链表节点尽量平均分布在各个数组元素中，提高查询效率。若主设备号冲突，则以次设备号为比较值来排序链表节点。

5. 创建设备类型、注册设备节点

（1）手动创建设备节点。输入如下命令创建 /dev/chardev 设备节点文件：

```
mknod /dev/chardev c 10 0
```

在 /dev 路径下创建名字为 chardev 的字符设备节点，主设备号为 10，次设备号为 0。当使用上述命令创建字符设备文件时，实际上就是创建了设备节点 inode 结构体。

（2）自动创建设备节点。class_create( ) 函数在内核中是宏定义。代码如下：

```
#define class_create(owner, name) \
({ \
static struct lock_class_key __key; \
__class_create(owner, name, &__key); \
})
//owner：struct module 结构体类型的指针，一般赋值为 THIS_MODULE
//name：char 类型的指针，类名
```

device_create( ) 函数用于创建设备，函数原型如下：

```
struct device *device_create(struct class *class, struct device *parent, dev_t devt,
void *drvdata, const char *fmt, ...)
//class：该设备依附的类
//parent：父设备
//devt：设备号 ( 此处的设备号为主次设备号 )
//drvdata：私有数据
//fmt：设备名
```

device_destroy( ) 函数用于注销设备信息，函数原型如下：

```
void device_destroy(struct class *class, dev_t devt)
```

class_destroy( ) 函数用于注销设备类型，函数原型如下：

```
void class_destroy(struct class *class)
```

（二）I2C 设备驱动开发

1. I2C 开发框架

在嵌入式 Linux 操作系统中，I2C 通信协议被封装成一个框架，以便于开发者进行开发。I2C 开发框架可以分为以下层次。

（1）应用层。应用层是最高级别的层次，它包含用户空间的应用程序和库，用于控制 I2C 设备并与其进行通信。开发者可以通过调用系统提供的与 I2C 相关的 API 实现对 I2C 设备的访问和控制。

应用层是各种用户空间的程序，如嵌入式系统中的应用程序、驱动程序或者系统服务，它们通过 I2C 接口与设备通信，实现各种功能，如传感器数据采集、设备配置和控制等。

（2）I2C 驱动层。I2C 驱动层位于内核空间，负责管理硬件层与上层软件之间的通信。每个 I2C 设备都有对应的驱动程序，用于处理设备的注册、读写操作等。

I2C 驱动程序通过注册到 I2C 核心层，使内核能够识别和管理该设备。当应用程序需要访问某个 I2C 设备时，会调用相应的系统或使用 I2C 相关的库，驱动程序负责处理这些请求，实现与硬件的交互。

（3）I2C 核心层。I2C 核心层位于内核空间，是 I2C 开发框架的核心部分，负责管理系统中的 I2C 总线和连接的设备。它为驱动程序提供了可以调用的应用程序接口，包括设备的注册、注销、消息传输等。

I2C 核心层隐藏了底层硬件的细节，为驱动程序提供了统一接口。驱动程序通过调用核心层提供的 API 来进行设备注册和通信，使内核能够正确识别，并管理连接的 I2C 设备。

（4）I2C 控制器层 / 适配器层。I2C 控制器层 / 适配器层是硬件层与核心层之间的接口，负责处理底层硬件与内核之间的通信。它包含具体的 I2C 控制器驱动程序，用于控制硬件层的 I2C 控制器和适配器。

适配器层负责将核心层的操作转换为与底层硬件兼容的命令和操作，以便正确控制 I2C 总线和设备。I2C 控制器驱动程序被集成到 Linux 内核中。

（5）硬件层。硬件层包含实际的硬件电路和物理连接，包括 CPU、I2C 总线、I2C 设备等。硬件层负责处理 I2C 总线连接和信号传输，实现 I2C 设备之间的通信和数据交换。

2. I2C 驱动开发

I2C 驱动开发涉及创建与 I2C 设备通信的软件接口。在 Linux 内核中，I2C 驱动架构包括三个关键组件：I2C 适配器（adapter）、I2C 客户端（client）以及 I2C 驱动（driver）。I2C 驱动开发的基本步骤如下。

（1）定义 I2C 驱动。I2C 驱动通常由结构体表示，结构体定义了 I2C 设备驱动的基本框架，包括探测设备、移除设备等回调函数，以及设备驱动信息和设备 ID 匹配表。代码如下：

```
struct i2c_driver {
    int (*probe)(struct i2c_client *, const struct i2c_device_id *);
    int (*remove)(struct i2c_client *);
    struct device_driver driver;
    const struct of_device_id *of_match_table;
    const struct i2c_device_id *id_table; // 在非设备树情况下用于作匹配用的
};
```

结构体中主要成员的含义如下：

probe( ) 函数在系统检测到与驱动匹配的设备时调用，用于初始化设备和相关资源。remove( ) 函数在设备从系统中移除时调用，用于清理资源和释放内存。变量 driver 是设备驱动程序的通用信息，包括驱动名称、拥有者等。变量 id_table 用于在非设备树（non-device tree）系统中匹配设备和驱动。变量 of_match_table 用于在设备树（device tree）系统中匹配设备和驱动。

（2）注册与注销 I2C 驱动。驱动注册是实现系统与相应设备关联的重要步骤，并确保在需要驱动时能够正确调用驱动中的回调函数。驱动注销则是当不再需要驱动时，释放系统资源，避免资源浪费。I2C 驱动的注册和注销原型如下：

```
int i2c_add_driver(struct i2c_driver *driver); // 注册 I2C 驱动
void i2c_del_driver(struct i2c_driver *driver); // 注销 I2C 驱动
```

（3）I2C 通信。I2C 通信的目的是与 I2C 总线上的设备进行数据交换。代码如下：

```
// 在 probe 函数中保存 client 指针
static struct i2c_client *my_client;
static int my_i2c_probe(struct i2c_client *client, ...) {
   my_client = client; // 保存 client 指针供后续使用
        // 示例：向设备写入数据
   char data_to_write[2] = {0x01, 0x02};
   if (i2c_master_send(client, data_to_write, 2) != 2) {
     dev_err(&client->dev, "Failed to write to the I2C device.\n");
     return -EIO; // 输入 / 输出错误
   }
        // ... 其他初始化代码 ...
        return 0;
}
```

变量 my_client 声明了全局的 i2c_client 指针变量，体现在 probe( ) 函数外部保存对探测到的设备的引用。函数 my_i2c_probe( ) 用于进行数据通信，该函数可以将传入的 client 指针保存到全局变量 my_client 中，以便在 probe 函数外部也能访问这个已探测到的 I2C 设备的信息。变量 data_to_write［2］定义一个字节数组，包含要写入设备的数据，然后使用 i2c_master_send( ) 函数向 I2C 设备写入数据。

（4）访问挂载设备。访问挂载设备也是使用结构体来进行的，常见的结构体格式如下：

```
struct i2c_client{
   unsigned short addr;
   char name[I2C_NAME_SIZE];
   struct device dev;
……//
};
```

结构体的主要成员包括设备的 I2C 地址 addr、设备名称 name、指向 I2C 控制器的指针 adapter 等。在驱动程序中，i2c_client 用于表示和访问挂载在 I2C 总线上的设备。通常，这个结构体不需要驱动开发者手动创建，而是在系统启动时由 I2C 核心层自动创建和初始化。

（5）I2C 控制器。有一类结构体代表了 I2C 适配器，也是 I2C 控制器，主要定义了指向 I2C 算法的指针，该算法定义了如何进行 I2C 通信，还包括设备的通用信息，如设备名称、编号等。该结构体具体内容如下：

```
struct i2c_adapter{
const struct i2c_algorithm *algo;
struct device dev;
   int nr;
};
```

成员 algo 是指向 I2C 通信算法的指针，这个算法定义了如何进行 I2C 读写操作；dev 表示 I2C 适配器的通用设备结构；nr 表示适配器的编号，表示它是第几组 I2C。

这个结构体的对象由内核负责创建和管理。开发者可以通过 i2c_add_adapter( ) 函数来注册 I2C 适配器，可以通过 i2c_del_adapter( ) 函数注销 I2C 适配器。

（6）消息结构体。消息结构体是 I2C 总线上的一次数据传输，在进行 I2C 通信时，开发者需要创建一个或多个 i2c_msg 结构体来描述要发送或接收的数据，该结构体主要成员如下：

```
struct i2c_msg {
    __u16 addr; // 接收数据的那个设备的地址
    __u16 flags; // 读写标志位，读为 1，写为 0
    __u16 len; // 数据的长度
    __u8 *buf; // 指向数据的指针
};
```

成员 addr 表示接收数据的 I2C 设备的地址。flags 表示读写标志位，如果为读操作，则设置为 1；如果为写操作，则设置为 0。len 表示数据的长度。buf 表示指向数据的指针。这个结构体描述了 I2C 要从设备发送或接收的数据包。

（三）智能化设备通信接口感知控制开发

以下代码展示了如何通过 I2C 接口读取温度传感器的数据，将数据封装成 JSON 格式输出到串口，并通过 GPIO 口控制外部设备（空调）工作。

配置好 I2C 设备、定义好 I2C 适配器对象后，获取温度数据的代码如下：

```
// 定义全局的 I2C 适配器对象
struct i2c_adapter my_i2c_adapter;
float readTemperature(struct i2c_adapter *adapter) {
    float temperature;
    char buf[2];
    struct i2c_msg msg[2];
    int ret;
// 准备读取数据
    msg[0].addr = TMP102_ADDR;
    msg[0].flags = 0;
```

```
    msg[0].len = 1; // 1 byte 命令
    msg[0].buf = &buf[0];
// 进行数据读取
    msg[1].addr = TMP102_ADDR;
    msg[1].flags = I2C_M_RD; // 读取数据
    msg[1].len = 2; // 2 bytes 温度数据
    msg[1].buf = &buf[0];
      ret = i2c_transfer(adapter, msg, 2);
    if (ret < 0) {
      printk(KERN_ERR "Failed to read from the I2C bus.\n");
      return ret;
    } else {
      int temp = (buf[0] << 4) | (buf[1] >> 4);
      temperature = temp * 0.0625;
      return temperature;
    }
}
```

首先定义全局的 I2C 适配器对象 my_i2c_adapter 用于执行 I2C 通信操作，然后利用 readTemperature( ) 函数从温度传感器读取温度数据。在函数中，设置两个 I2C 消息结构体，用于传输读取命令和接收温度数据。接着调用 i2c_transfer( ) 函数进行 I2C 数据传输，将准备好的消息数组传递给该函数，以便与传感器进行通信。正确读取到原始数据的字符数组后，将其存储于 buf 缓存并进行读取和处理。

将温度数据封装为 JSON 格式的过程代码如下：

```
char *createJSON(float temperature) {
    struct json_object *json_obj = json_object_new_object();
```

```
    json_object_object_add(json_obj, "temperature", json_object_new_double((double)
temperature));
    return strdup(json_object_to_json_string(json_obj));
}
```

函数中声明了指向 json_object 结构的指针，用于存储 JSON 对象。使用 json_object_new_object( ) 函数创建新的 JSON 对象，用于存储温度数据。使用 json_object_object_add( ) 函数将温度数据添加到 JSON 对象中，键名为 temperature，对应的值为温度值。其中 json_object_new_double( ) 函数将 temperature 转换为 double 类型的 JSON 数值。

GPIO 控制外部设备过程如下：

```
void control_aircon(int state) {
    FILE *file = fopen(AIRCON_GPIO_PATH, "w");
    if (file == NULL) {
        perror("Error opening GPIO file");
        return;
    }
    fprintf(file, "%d", state);
    fclose(file);
}
```

程序代码中定义了 control_aircon( ) 函数，其传入的 state 参数用来表示空调开启或关闭的状态。

代码中使用 fopen( ) 函数以写入模式（"w"）打开一个文件，该文件的路径由宏 AIRCON_GPIO_PATH 定义。这个宏在代码的其他部分被定义为指向控制空调的 GPIO 文件的路径（如 "/sys/class/gpio/gpio4/value"）。若 fopen 函数调用失败（如由于权限问题或文件路径不正确），它将返回 NULL，并使用 perror 函数打印错误消息，然后函数返回，不执行任何进一步的操作。

若文件成功打开，代码将 state 参数的值（0 或 1）写入 GPIO 文件中，改变 GPIO 引脚的状态，从而控制空调设备的开关。

具体实现过程如下：

```
main() {
  float temperature;
  char *json_str;
  while (1) {
    // 按键按下时触发数据采集和上报
    if (buttonPressed(GPIO_BUTTON_PIN)) {
      // 读取温度数据
      temperature = readTemperature();
      // 封装温度数据为 JSON 格式
      json_str = createJSON(temperature);
      // 输出 JSON 数据到串口
      printf("%s\n", json_str);
      free(json_str);
      usleep(1000000); // 1 s
// 检查温度并控制空调
if (temperature > 25.0)
 {
      control_aircon(1); // 开启空调
      }
else {
 control_aircon(0); // 关闭空调
      }
```

```
        }
    }
    return 0;
}
```

这段代码实现了按键触发的温度数据采集和上报过程，其中包括读取温度数据、封装成JSON格式、输出到串口、控制外设，并通过延时控制数据采集和上报的频率。

思考题

1. 常用字符串数据处理方法有哪些?
2. JSON协议是一种什么样的协议？具有什么特点？
3. 常规通信接口有哪些？分别具有什么功能？
4. I2C驱动开发的基本步骤和要点是什么？

第二篇 物联网应用协议开发

随着物联网技术的崛起，物联网应用开发已成为技术焦点。本篇聚焦于物联网应用协议，深入探讨了自定义通信协议、轻量级协议及其安全性开发等核心领域。首先，强调了根据业务需求定制指令协议的重要性，以实现精确的数据采集与控制，并探讨了多协议间的通信机制，确保设备间信息传递高效和准确。其次，深入解析了物联网轻量级协议的开发，重点介绍了加解密技术在认证连接中的应用，以及如何利用安全套接字协议和安全传输层协议技术确保报文的安全传输。最后，针对物联网协议安全，提出了一系列策略，如根据业务特性设计安全策略，运用加密算法保护数据安全。本篇通过探讨各协议的开发与安全策略，旨在为物联网应用开发提供明晰的指导和建议，推动物联网技术的发展。

第五章
自定义通信协议开发

在物联网通信领域，由于物联网设备和应用场景的多样性，很多时候通用的通信协议并不能完全满足实际需求，这时自定义协议就显得尤为重要。自定义协议能够根据实际业务场景，量身打造适合的指令集和数据格式，从而实现更为高效、准确的数据采集与控制。

在嵌入式开发过程中，协议的选择与使用是项目的核心环节。不同的协议有其特点和适用场景，选择恰当的协议对项目的成功至关重要。标识－长度－内容（tag-length-value，TLV）通信协议（简称 TLV 协议）因结构简单、扩展性强而被广泛应用。通过参考 TLV 协议，可以自定义指令协议，以满足特定的数据采集与控制需求。

随着物联网应用的复杂化，单一协议难以满足所有通信需求。因此，根据业务场景的不同，可能需要使用多个自定义协议进行数据交互。这不仅要求开发者具备深厚的通信协议知识，还要对业务场景有深入的理解，以确保各个协议之间的协调和配合，实现数据的顺畅流通和精准控制。

- **职业功能：**物联网应用协议开发。
- **工作内容：**自定义通信协议。
- **专业能力要求：**能根据业务场景需求，定义指令协议；能基于定义的指令协议，进行数据采集与控制；能实现多个自定义协议的通信。
- **相关知识要求：**自定义通信协议知识。

第一节　指令协议自定义

考核知识点及能力要求：

- 了解通信协议基础知识。
- 了解 TLV 协议基础知识。
- 理解 TLV 协议的缺点与改进方法。
- 能根据业务场景需求，定义指令协议。

一、通信协议基础

（一）通信协议的概念

通信协议是指双方实体完成通信或服务所必须遵循的规则和约定。通过通信信道和设备互联起来的多个不同地理位置的数据通信系统，要使其能协同工作实现信息交换和资源共享，它们之间必须具有共同语言。交流什么、怎样交流及何时交流，必须遵守某种互相都能接受的规则，这个规则就是通信协议。通信协议主要由语义、语法、时序三部分组成。

（二）通信协议的设计考虑因素

通信协议的设计考虑因素包括以下方面。

1. 数据格式

数据格式是通信协议中最基本的元素。设计通信协议时，需要定义数据的结构和编码方式，以确保通信双方能够正确解析和处理数据。常见的数据格式包括帧格式、命令字段、数据字段等。

2. 通信方式

通信方式是指通信双方进行信息交换的方式。常见的通信方式包括点对点通信、广播通信、请求－响应模式、发布－订阅模式等。设计通信协议时，需要根据实际需求选择合适的通信方式。

3. 错误处理

错误处理是通信协议中非常重要的一部分。在数据传输过程中，可能会出现各种错误，如数据丢失、数据损坏等。为了确保数据的可靠性和完整性，通信协议需要考虑错误处理机制，如校验和、重传机制、错误码定义等。

4. 安全性

安全性是通信协议设计中必不可少的一部分。在物联网应用中，需要考虑数据的安全性，以避免敏感数据被窃取或篡改。通信协议可以采用数据加密、身份验证、访问控制等方式来确保数据的安全性。

5. 扩展性

通信协议需要具备较强的可扩展性和兼容性，以便未来对系统进行扩展和升级。设计通信协议时，应尽可能减少对硬件和软件的限制，以便后续扩展和升级。

二、自定义通信协议开发

TLV 通信协议是一种常用的数据编码和解码方式，用于在通信协议中传输和解析数据。TLV 编码是基于抽象语法标记（abstract syntax notation one，ASN.1）标准的一种基本编码规则（basic encoding rule，BER）编码方式。

（一）TLV 协议的基本结构

TLV 协议是由数据的类型 Tag（T）、数据的长度 Length（L）、数据的值 Value（V）构成的一组数据报文。TLV 基于二进制编码，将数据以（T–L–V）形式编码为字节数组，即 TLV 是字节流的数据传输协议。

1. 类型

数据的类型表示数据的类型或标识符，用于指示 Value 字段中的数据内容。Tag 字段通常是一个字节或多个字节的固定长度。

2. 长度

数据的长度部分表示 Value 字段中数据的长度。Length 字段通常是一个字节或多个字节的固定长度，用于指示 Value 字段所占据的字节数。

3. 值

数据的值部分表示具体的数据内容。Value 字段的长度由 Length 字段指示，可以是任意长度的字节序列。

（二）TLV 协议字段结构

在 TLV 协议中，发送方将数据按照 Tag、Length、Value 的格式进行编码。TLV 编码见表 5-1，接收方按照相同格式进行解码，从而实现数据的传输和解析。

表 5-1　　TLV 编码

T	L	V
Tag	Length	Value
类型	长度	数值

1. Tag

Tag 用于描述消息的类型，由一个或多个字节组成。Tag 数据类型的含义见表 5-2。

表 5-2　　Tag 数据类型的含义

	B7	B6	B5	B4	B3	B2	B1	B0	说明
TLV 类型	0	0							标识 Frame 为基本结构体（primitive frame）
	0	1							标识 Frame 为私有结构体（private frame）
TLV 编码			0						标识 Value 编码方式为基本类型（primitive data）
			1						标识 Value 编码方式为结构类型（constructed data）
Tag Value				1	1	1	1	1	标识 Tag Value>30, 将采用随后的字节来描述 Tag Value
				Tag Value					使用本字节 0～4 位来描述 Tag Value

（1）Tag 首节字说明。

第 6 ~ 7 位：表示 TLV 的类型，00 表示 TLV 描述的是基本数据类型，01 表示用户自定义类型，常用于描述协议中的消息。

第 5 位：表示 Value 的编码方式，分别支持 Primitive 和 Constructed 两种编码方式。Primitive 指以原始数据类型进行编码，Constructed 指以 TLV 方式进行编码。0 表示以 Primitive 方式编码，1 表示以 Constructed 方式编码。

第 0 ~ 4 位：当 Tag Value 小于 0x1F（31) 时，首字节第 0 ～ 4 位用来描述 Tag Value，否则 0 ~ 4 位全部置 1，作为存在后续字节的标志，Tag Value 将采用后续字节进行描述。

（2）Tag 后续字节说明。

当 Tag Value 值大于 30 时，即存在后续字节。后续字节采用每个字节的第 0 ～ 6 位（即 7 bit）来存储 Tag Value，第 7 位用来标识是否还有后续字节。

第 7 位：描述是否还有后续字节，1 表示有后续字节，0 表示没有后续字节，即结束字节。

第 0 ~ 6 位：填充 Tag Value 的对应位（从低位到高位开始填充），如 Tag Value 为：0000001 11111111 11111111（10 进制：131 071），填充后实际字节内容为：10000111 11111111 01111111。因为有后续字节，在 Tag 的第 0 ~ 4 位都为 11111，在后续字节中，第 7 位的字节描述是否还有后续字节，如果该字节的第 7 位为 1，说明还有后续字节，如果为 0，则没有后续字节。上例共插入了 3 次，所以前 2 个字节的第 7 位都为 1，最后插入的字节第 7 位为 0。

Tag Value 存在后续字节时实际填充的内容如图 5-1 所示。

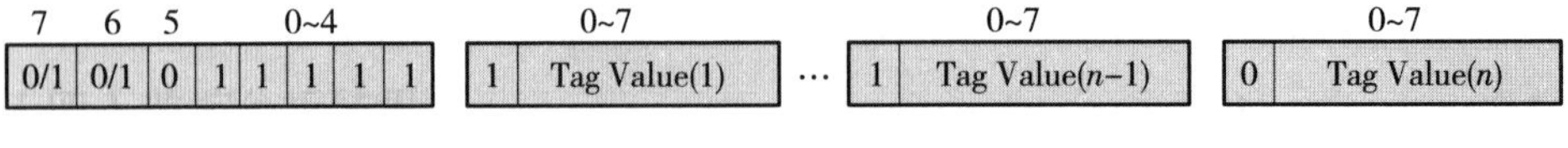

图 5-1　Tag Value 存在后续字节时实际填充的内容

2. Length

Length 用于描述 Value 部分所占字节的个数，编码格式分为两类：定长方式（DefiniteForm）和不定长方式（IndefiniteForm）。

定长方式中，按长度是否超过一个八位，分为短、长两种形式，编码方式如下。

（1）短形式。字节第 7 位为 0，表示 Length 使用 1 字节即可满足 Value 类型长度的描述，字节长度范围为 0 ~ 127。

（2）长形式。即 Value 类型的长度大于 127 时，Length 需要使用多个字节来描述，这时第一个字节的第 7 位置为 1。第 0 ~ 6 位用来描述 Length 值占用的字节数，Length 值直接附在第一个字节之后，如 Value 大小占 234 字节（11101010），由于大于 127，这时 Length 需要使用 2 字节来描述，即 10000001 11101010。图 5-2 所示为 Value 占 234 字节时 Length 第一个字节第 7 位赋值情况。

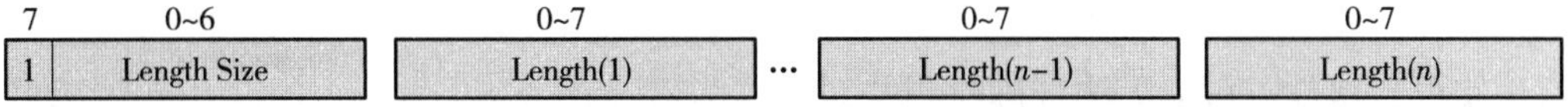

图 5-2　Value 占 234 字节时 Length 第一字节第 7 位赋值情况

（3）不定长方式。Length 所在八位组固定编码为 0x80，但在 Value 编码结束后以两个 0x00 结尾，如图 5-3 所示。凭借这种方式，可以在编码没有完全结束的情况下，先发送部分数据给对方。

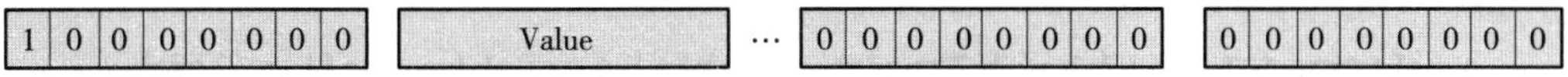

图 5-3　不定长方式下字节赋值情况

3. Value

Value 用于描述数据的值，由一个或多个值组成，值可以是一个原始数据（primitive data）类型，也可以是一个 TLV 结构数据（constructed data）类型，如图 5-4 所示。

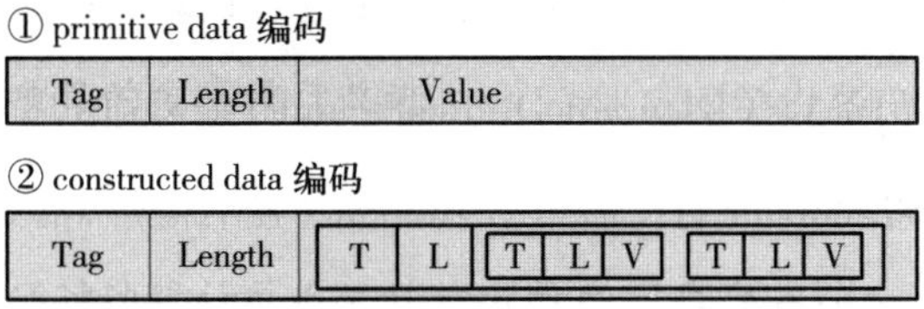

图 5-4　Value 组成形式

三、自定义通信协议改进

TLV 协议广泛应用于电子通信、数据存储等领域，然而，原始的 TLV 协议在某些情况下可能存在一些限制，因此需要进行改进。

（一）改进的原因

1. 透明传输问题

在原始的 TLV 协议中，如果数据值部分包含与类型或长度字段相同的值，可能会导致解析错误。例如，如果类型字段的某个特定值也出现在数据值中，解析器可能会错误地将其识别为类型字段，从而导致数据解析混乱。

2. 错误检测和纠正能力不强

原始的 TLV 协议可能没有足够的错误检测和纠正机制。在数据传输过程中，如果发生错误，接收方可能无法准确检测并纠正这些错误。

3. 效率问题

在某些场景下，原始的 TLV 协议可能不是最高效的数据表示方法。例如，对于大量小数据块，每个数据块都包含类型和长度字段，可能会导致开销显著增加。

（二）改进方法

1. 数据帧头部优化

为了防止数据值部分与类型或长度字段的值冲突，可以引入一个特殊的数据帧头部作为数据帧的开始标志。这个头部的值应该足够大，以避免与数据值中的任何可能值冲突。例如，可以选择一个位于 0xF0 ~ 0xFF 之间的值作为数据帧头部。

2. 增加 CRC 校验和

为了提高数据的可靠性，可以在 TLV 协议的末尾添加一个 CRC 校验和字段。CRC 校验和是一种广泛使用的错误检测方法，它可以通过计算数据的校验和来检测数据传输过程中是否发生了错误。在 TLV 协议中，可以采用 CRC-16 版本的计算方法。

3. 嵌套 TLV 结构

为了支持更复杂的数据结构，可以引入嵌套的 TLV 结构。这意味着一个 TLV 元素的值字段可以包含另一个完整的 TLV 结构。这提供了更强的灵活性，但也需要更复杂的解析逻辑。

4. 类型和长度字段的优化

类型和长度字段的大小可以根据实际需要进行调整。例如，如果预期的数据类型数量有限，并且每个类型的值的大小也有限，那么可以使用较小的字段来表示类型和长度，以节省空间。反之，如果需要支持大量数据类型或大数据块，则应使用较大的字段。

采用这些改进方法，可以提高 TLV 协议的可靠性和灵活性，使其更适应复杂多变的通信环境。

第二节　数据采集与控制

考核知识点及能力要求：

- 了解 TLV 通信协议封装过程。
- 了解 TLV 通信协议解析过程。
- 掌握基于 TLV 协议的数据采集与控制方法。

一、数据封装

（一）数据封装介绍

1. 确定数据类型

设计 TLV 自定义协议时，首先需要确定不同数据的类型，每种类型对应一个唯一的标识符，用于在数据解析时区分不同类型的数据。

2. 计算数据长度

对于每条数据，需要计算其长度，以字节为单位。计算长度时，可以根据具体需求进行处理，可以是固定长度，也可以根据实际数据内容动态计算得出。

3. 编码数据值

将实际的数据值按照规定的格式进行编码，确保数据可以正确地进行传输和解析。编码方式可以根据数据类型的不同而有所调整。

4. 封装数据

首先，按照 TLV 格式，将数据类型写入数据包的起始位置。其次，将数据长度拆分为高字节和低字节，并分别写入数据包。最后，将编码后的数据值按顺序写入数据包中，确保数据包中包含完整的 TLV 信息。

5. 发送数据包

封装好的 TLV 数据包可以通过网络通信、串口通信等方式发送到目标设备或模块。TLV 自定义协议数据封装的过程包括确定数据类型、计算数据长度、编码数据值以及按照 TLV 格式封装数据包。这样设计的协议能够灵活地传输各种类型的数据，并且在接收端容易解析和处理。在实际应用中，需要根据具体场景和需求来实现 TLV 自定义协议的数据封装功能。

（二）封装函数

用于 TLV 数据封装的函数如下：

```
// TLV 数据封装函数
void tlv_pack(uint8_t type, uint16_t length, const uint8_t* value, uint8_t* packet) {
    packet[0] = type;
    packet[1] = (uint8_t)(length >> 8); // 高字节
    packet[2] = (uint8_t)(length & 0xFF); // 低字节
    memcpy(packet + 3, value, length);
}
```

参数 type 表示数据的类型。length 表示数据的长度。value 表示实际的数值数据。packet 表示封装后的数据包存储位置。

这个函数将数据按 TLV 格式封装到数组中，便于在嵌入式系统中进行数据传输和解析。在实际应用中，可以通过调用该函数来封装需要发送的数据，然后将封装好的数据发送给目标设备或模块。

二、数据解析

TLV 自定义协议数据解析是指在接收到 TLV 格式的数据包后，从中提取出数据类型、数据长度和数据值进行解析的过程。

（一）数据解析介绍

1. 解析数据类型

通常，Tag 字段是一个固定长度的标识符，可能是 1 字节、2 字节或更多，具体取决于协议设计。解析时，首先读取 Tag 字段，确定后续数据的类型。

2. 解析数据长度

Length 字段指示了后续 Value 字段的长度。根据 Length 字段的长度（可能是 1 字节、2 字节或更多），读取相应的字节数，并将其转换为整数，得到 Value 字段的长度。

3. 解析数据值

根据 Length 字段指示的长度，读取相应数量的字节作为 Value 字段。Value 字段的内容根据 Tag 字段的不同而有所差异，可能是文本、二进制数据、整数等。

4. 处理数据

根据解析得到的数据类型和数据值，进行相应处理，可能涉及数据存储、业务逻辑处理等操作。如果存在多个 TLV 数据包，可以循环执行以上步骤，逐个解析数据包。

5. 完整性检验

在解析过程中，可以对数据包进行完整性检验，如校验数据长度是否与实际接收到的数据长度相符，以确保数据完整性和准确性。

通过以上步骤，可以对接收到的 TLV 格式的数据包进行解析，提取出其中的数据类型、数据长度和数据值，进而对数据进行处理。在实际应用中，需要根据数据格式和需求来实现相应的解析逻辑，确保数据的准确性和完整性。

（二）解析函数

TLV 数据解析函数如下：

```
// TLV 数据解析函数
void tlv_unpack(const uint8_t* packet, uint8_t* type, uint16_t* length, uint8_t* value) {
    *type = packet[0]; // 读取数据包中的第一个字节作为数据类型
    *length = ((uint16_t)packet[1] << 8) | packet[2]; // 读取数据包中的数据长度
    // 将数据包中从第四个字节开始的长度为 *length 的数据复制到 value 指向的内存区域中
    memcpy(value, packet + 3, *length);
}
```

packet 表示 TLV 格式的数据包。type 用于存储从数据包中提取出的数据类型。length 用于存储从数据包中提取出的数据长度。value 用于存储从数据包中提取出的数据值。

总体来说，这个函数的作用是接收 TLV 格式的数据包，提取数据类型、数据长度和数据值，并分别存储到指定的变量中，以供后续处理和应用。这样设计的函数便于在实际应用中解析 TLV 数据包。

三、数据采集与控制案例

（一）项目背景

在自动降温系统中，需要保证某仓库温度保持在 18 ℃以下。温度采集部分采用带有微控制器的智能温度传感器，该传感器通过串行通信线缆与主控制器通信。温度控制部分采用工业制冷设备，由微控制器控制设备开关，同样通过串行通信线缆与主控制器通信。这个过程需要对温度传感器的温度进行采集，通过串行通信获取温度值，并根据温度值控制制冷设备开关。

（二）TLV 消息定义

按照案例应用场景，设定 TLV 通信消息的格式。Tag 数据类型标识用于区分不同的数据字段或命令，案例中使用不同的 Tag 值表示温度数据和制冷设备控制命令，Tag 字段的长度为 1 字节。Length 值表示后续 Value 字段的长度，其长度同样为 1 字节。Value 值表示采集的温度值或制冷设备的控制指令。TLV 消息设置见表 5-3。

表 5-3　　TLV 消息设置

发送端	接收端	Tag	Length	Value	功能
温度采集单元	主控单元	0x01	1 字节	如 0x0F（16 ℃） 范围（0x00～0x37）	温度采集单元上传当前温度
主控单元	温度采集单元	0x11	1 字节	固定为 0x00	主控单元采集当前温度
制冷单元	主控单元	0x02	1 字节	0x01：制冷开 0x00：制冷关 Other：错误	制冷单元上传当前状态
主控单元	制冷单元	0x12	1 字节	0x01：制冷开 0x00：制冷关 Other：错误	主控单元开启、关闭制冷

（三）消息流

主控单元定时主动向温度采集单元发送 Tag 为 0x11 消息，请求当前温度数据。温度采集单元通过 Tag 为 0x01 消息上传当前温度。主控单元根据当前温度是否高于 18 ℃，选择开启或关闭制冷。制冷开关控制信息通过 Tag 为 0x12 的消息发送至制冷单元。制冷单元完成相应操作后，通过 Tag 为 0x02 的消息向主控反馈指令执行情况。主控单元为主机，温度采集单元和制冷单元皆为从机。每次数据交互只能由主控单元发起，从机接到主机命令后，根据命令内容回复响应数据。

（四）消息示例

部分自定义通信协议的消息示例见表 5-4。在实际项目应用中，需要考虑的情况和系统复杂程度一般会远超于此。

表 5-4　部分自定义通信协议的消息示例

报文头	Tag	Length	Value	CRC	功能
0xFD	0x01	0x01	0x0F	0x18	上传当前温度为 16 ℃
0xFD	0x11	0x01	0x00	0xAE	主控单元采集当前温度
0xFD	0x02	0x01	0x01	0xDC	制冷单元上传当前状态为开
0xFD	0x02	0x01	0x00	0xDB	制冷单元上传当前状态为关
0xFD	0x12	0x01	0x01	0xCF	主控单元开启制冷
0xFD	0x12	0x01	0x00	0xC8	主控单元关闭制冷

（五）实现功能

在使用过程中主控端发出采集温度命令，采集端上传温度信息（如当前温度 18 ℃），输出制冷机的状态。根据温度数值，当温度高于 16 ℃时，主控端发送命令，开启制冷机，输出当前温度和制冷机状态。

主控端发出采集温度命令，然后温度采集单元上传温度信息。通过 tlv_unpack( ) 函数解包先前打包的 TLV 消息。然后检查 tag 和 value 是否符合预期（即 tag 为 0x01 且 value 为 0x00）。如果符合预期，则打印一条消息，说明数据类型是正确的。

主控端发出采集温度命令，代码如下：

```
tlv_pack(0x11, 1, 0x00, packet);
```

温度采集单元上报温度信息，代码如下：

```
temperature = read_temperature(); // 读取温度
tlv_pack(0x01, 1, temperature, packet);    // 温度采集单元上传温度信息
tlv_unpack(packet, &tag, &length, &value);
if (tag == 0x01) {
   printf("uploaded temperature: %d degrees Celsius\n", value);
}
```

当主控端检测到温度高于 16 ℃时，发送开启制冷机命令，并打印一条消息；否则，主控端发送关闭制冷机命令，并打印一条消息。代码如下：

```
// 根据温度判断是否需要开启制冷机
 if (value > 16) {
    // 主控端发送开启制冷机命令
    tlv_pack(0x12, 1, 0x01, packet);
    printf("Temperature is above 16 degrees. Cooling unit is turned on.\n");
 } else {
    // 主控端发送关闭制冷机命令
    tlv_pack(0x12, 1, 0x00, packet);
    printf("Temperature is below or equal to 16 degrees. No need to turn on the cooling unit.\n");
 }
```

第三节　物联网多自定义协议通信

考核知识点及能力要求：

- 了解自定义通信协议文档管理知识。
- 掌握参照通信协议分析通信消息的方法。

一、通信协议文档

通信协议文档在管理多个自定义通信协议过程中发挥至关重要的作用，可以定义统一的通信标准，确保不同设备和系统之间能够顺利交换信息，有助于减少因协议不一致而导致的错误和冲突。良好的文档可以清晰地描述协议的每个部分，包括数据格式、传输规则、错误处理机制等，使开发者能够快速理解和实施协议。随着技术的发展和业务需求的变化，通信协议可能需要更新，文档提供了一个平台，可以记录这些变化，确保所有相关方都遵循最新的协议规范。当通信过程中出现问题时，协议文档可以作为排查问题的起点，快速发现问题所在，从而尽快解决问题。通过分析协议文档，可以识别出性能瓶颈，进而对协议进行优化，提高数据传输效率，有助于确保通信的可靠性、安全性和高效性。

（一）版本记录

版本记录是通信协议文档的首要部分，它对追踪协议的变更和历史至关重要。发布记录表提供了关于当前协议版本的基本信息，示例见表 5–5。这包括文档的名称、编号、版本以及关键的日期信息，如制定日期和发布日期。这些数据为团队成员提供了明确的参考点，尤其是在多个版本并行开发或维护时。

表 5–5　　发布记录表示例

<table>
<tr><td rowspan="3">文件状态：
■ 草稿
□ 正式发布
□ 正在修改</td><td>文档名称</td><td colspan="3"></td></tr>
<tr><td>文档编号</td><td colspan="3"></td></tr>
<tr><td>文档版本</td><td colspan="3"></td></tr>
<tr><td>审核</td><td colspan="2"></td><td>日期</td><td></td></tr>
<tr><td>批准</td><td colspan="2"></td><td>日期</td><td></td></tr>
</table>

历史记录表就像一条时间线，详细记录了协议的每一个历史版本、修改人员、修改日期以及相应的备注，示例见表 5–6。这对理解协议的演变过程、修复先前的错误或添加新功能都极具参考价值。更重要的是，在物联网项目中，随着硬件和软件的迭代更新，通信协议的兼容性变得尤为关键。有了这份历史记录，开发团队可以轻松识别哪些版本是兼容的，哪些可能需要进行额外调整。

表 5-6　历史记录表示例

版本号	修改人	修改日期	备注
V0.1		2023-07-15	初次修订
V0.2		2023-11-19	××××××××××××
V0.3		2024-02-02	××××××××××××

（二）适用范围

明确通信协议的适用范围对确保其实施效果至关重要。列出该协议所适用的物联网产品型号和版本范围，有助于避免误用或在不兼容的设备上实施协议，从而导致通信失败或数据丢失。

此外，如果通信协议包含敏感或机密信息，那么在这一部分标记保密等级或阅读权限也是必要的。这样可以确保只有授权人员才能访问和使用这些关键信息，从而降低数据泄露风险。

针对某些特定项目制定的特有通信协议，强调项目的特殊性和相关的重点注意事项，有助于确保项目团队在实施过程中能够充分考虑这些因素，从而保证项目顺利进行。

（三）系统示意图

系统示意图在通信协议文档中发挥直观展示和解释的作用。好的系统示意图能清晰地描绘出通信协议在整个系统中的作用范围，以及数据是如何在各个组件之间流动的。这对新加入的项目成员或对系统不太熟悉的人员来说尤为有用。通过这张图可以快速了解系统的整体架构和通信流程，从而更好地理解和实施通信协议。

此外，系统示意图还可以作为开发和调试过程中的一个有力工具。当团队实施通信协议时遇到问题，可以参考这张图来定位可能的故障点或优化数据传输的路径。

二、物联网多自定义协议通信实例

以下通信协议规定了某物联网系统中主站与从站之间的数据传输。此部分定义的数据传输规则只应用于应用层中数据包传输，不涉及数据传输层和物理层的数据帧格式定义和数据包定义。

（一）协议帧格式介绍

物联网系统中主站与从站之间的数据通信需要有对应的通信协议。协议帧格式见表 5-7。

表 5-7　协议帧格式

协议字段	释义	占用字节数	描述
68H	帧头	1	—
Length	长度	2	长度为产品类型至消息正文的长度
Product Type	产品类型	1	产品类型
Serial Number	产品序列号	6	使用 6 字节的 BCD 码表示产品序列号
Protocol Versions	协议版本	1	使用 1 字节的 BCD 码表示协议版本号 当前版本号为 1.1 表示为 11H
CsCode	厂商编码	1	如编码为 01H
Encrypt	加密标志	1	0 表示消息正文不加密 1 表示消息正文使用 AES128-ECB-PKCS7 加密
reserve	保留	2	保留，默认为 0000H
Frame Serial	帧序号	1	每发出一帧报文 Frame Serial 自增 1
Message Type	消息类型	1	0x01：CON 证实消息 0x02：NON 非证实消息 0x03：ACK 证实消息正确应答 0x04：NACK 证实消息错误应答 接收方收到 CON 需要应答 ACK 或 NACK，收到 NON 无须应答
Message ID	消息 ID	2	消息 ID bit（12～15）：0 表示设备上传，1 表示服务器下发 bit（08～11）：F 表示召测报文 bit（00～07）：命令码
Message Text	消息正文	n	消息正文可以为空，也可以由一个或多个数据点组成
CRC16	循环冗余校验	2	校验范围为产品类型至消息正文
16H	帧尾	1	—

帧头：占用 1 字节，用于标识数据帧的开始。这是一个特定值，通常用于同步和识别数据包的起始位置。

长度：占用 2 字节，表示整个数据帧的长度，包括所有字段。这个字段让接收端知道数据包的完整大小，以便正确解析数据包。

产品类型：占用 1 字节，指示设备的类型。这有助于系统根据设备类型进行不同的处理。

产品序列号：占用 6 字节，是设备的唯一标识。这有助于在多设备环境中识别和管理不同的设备。

协议版本：占用 1 字节，表明当前使用的通信协议的版本号。这可以确保通信双方使用相同或兼容的协议版本。

厂商编码：占用 1 字节。

加密标志：占用 1 字节。数值为 0 表示消息正文不加密，数值为 1 表示消息正文使用 AES128-ECB-PKCS7 加密。

保留：占用 2 字节。

帧序号：占用 1 字节，用于标识数据帧的序号。在多帧传输中，这个字段帮助接收端按顺序处理数据帧。

消息类型：占用 1 字节，用于区分不同类型的消息，如证实消息、非证实消息、证实消息正确应答和证实消息错误应答。

消息 ID：占用 2 字节，是消息的唯一标识符。在多消息环境中，这个字段用于识别和管理不同的消息。

消息正文：占用 n 字节，是消息的实际内容。这个字段的长度是可变的，取决于具体消息的内容。

循环冗余校验：占用 2 字节，用于验证数据的完整性。CRC16 使用特定的多项式来计算数据的校验和。

帧尾：占用 1 字节，用于标识数据帧的结束。这是一个特定的值，与帧头一起，确定数据帧的准确边界。

这个协议帧格式是物联网系统中主站与从站之间进行通信的基础，确保了数据的准确、有序传输。每个字段都有特定的作用和目的，共同构成了完整的数据帧结构。

（二）设备上传数据

设备上传数据是由一组字符串构成的数据信息，这条信息会以字符串的形式插入到协议帧的消息正文位置，同时，在消息 ID 中将对应数据上传操作的值赋给消息 ID，这两项内容共同构成了协议帧的内容，不同的操作内容对应不同的消息 ID 的值。Message ID 值对应操作见表 5–8，在设备上传过程中，协议帧中 SN 位的字符串会记录设备硬件的 SN 码，该码是设备唯一的编号。

表 5–8　　Message ID 值对应操作

序号	Message ID 值	操作
1	（ID–0x0001）	登入服务器
2	（ID–0x0002）	登出服务器
3	（ID–0x0003）	上报数值数据
4	（ID–0x0004）	上报间隔数据
5	（ID–0x0005）	上报设备日志
6	（ID–0x0006）	上报报警信息
7	（ID–0x0007）	上报特殊数据
8	（ID–0x0008）	上报流量计数据
9	（ID–0x0F00）	上报设备参数
10	（ID–0x0F01）	上报设备信息
11	（ID–0x0F02）	上报用户信息
12	（ID–0x0F03）	上报历史数据
13	（ID–0x1000）	“设备查询命令”
14	（ID–0x1001）	“设置用户信息”
15	（ID–0x1002）	“设置设备参数”

设备上传数据包括登入服务器信息、登出服务器信息、数值信息、报警信息等。以下为上传不同数据对应的消息格式。

1. 登入服务器

登入服务器对应的消息 ID 为 0x0001。表 5-9 描述了一个远程终端单元（remote terminal unit，RTU）在登入服务器时需要上传的数据项。这些数据项提供了设备的一些关键状态和信息，以便服务器能够了解设备的当前状况，并进行相应的处理或响应。这些数据项排列成一组字符串，被嵌入 Message Text 中，构成协议帧的内容。

表 5-9　　登入服务器信息格式

设备发起						
Label	DevID	Chan	Type	Number	描述	
1	RTU	none	bcd	1	当前设备时间	YYMMDDhhmmss
2	RTU	none	unsigned char	1	信号质量	0～99
3	RTU	none	short	1	信噪比	
4	RTU	none	unsigned char	1	电池电量	（0～100）对应（0%～100%）
5	RTU	none	unsigned short	1	电池电压	电压值（V）
6	RTU	none	null	0	校时请求	若设备上报此数据项，平台需响应请求，核对设备时间并校准
7	RTU	none	string	1	序列码	最大 18 字节
8	RTU	none	string	1	设备固件版本	最大 20 字节
9	RTU	none	string	1	脚本名	最大 20 字节

2. 登出服务器

在设备登出服务器时，对应的消息 ID 值为 0x0002，消息正文信息为空，即协议帧数据传输时消息正文位置是没有信息的。

3. 上传数值数据

在设备上传数值数据时，对应的消息 ID 值为 0x0003，设备上传数据格式见表 5-10。除设备当前时间和状态信息外，还需上传对应不同通道的数据值、数据存储指示标志等内容。

表 5-10　　　　设备上传数据格式

设备发起						
Label	DevID	Chan	Type	Number	描述	
1	RTU	none	bcd	1	当前设备时间	YYMMDDhhmmss
2	RTU	1 ~ 2	signed int	1	当前状态	
3	RTU	1 ~ 2	unsigned int	1	数值 1	
4	RTU	1 ~ 2	unsigned int	1	数值 2	
5	RTU	1 ~ 3	unsigned int	1	数值 3	
6	RTU	none	unsigned char	1	数据存储指示标志	0—当前数据不存入历史记录 1—当前数据存入历史记录
7	RTU	1 ~ 2	unsigned int	1	预留	
8	RTU	1 ~ 2	unsigned int	1	预留	

4. 上传报警数据

在设备上传报警数据时，对应的消息 ID 值为 0x0006。设备报警数据格式见表 5-11。表 5-11 描述了设备在特定情况下会上传的报警信息。这些数据通常用于通知服务器发生了某些异常情况，以便及时响应和处理。

表 5-11　　　　设备报警数据格式

设备发起					
Label	DevID	Chan	Type	Number	描述
1	RTU	1 ~ 2	null	1	报警代号

报警信息对监控系统的正常运行和及时响应异常情况至关重要。服务器接收到这些数据后，可以触发相应的处理流程，如发送通知、记录日志或采取其他预定的应急措施。

（三）服务器下发命令

服务器下发命令包括配置参数、终端模式等内容，在协议帧的格式中消息 ID 对服务器下发命令进行了相应的赋值。结合赋值，可以通过消息正文的信息确定相关类型的数据信息。

1. 下发用户信息配置参数

将设备参数对应的消息 ID 赋值为 0x1002，消息类型对应为证实消息，赋值为 0x01。服务器下发命令信息见表 5-12。

表 5-12　服务器下发命令信息

服务器发起						
Label	DevID	Chan	Type	Number	描述	
1	RTU	none	bcd	1	当前设备时间	YYMMDDhhmmss
2	RTU	none	bcd	1	联网时刻	hhmmss
4	RTU	none	string	1	用户名	最大 30 字节
5	RTU	none	string	1	密码	最大 30 字节
6	RTU	1 ~ 3	string	1	IP（包括端口）	最大 30 字节
7	RTU	1 ~ 3	unsigned char	1	IP 使用协议	0—udp 1—tcp 2—mqtt 3—coap 4—oneNet 5—disable
8	RTU	1 ~ 3	unsigned int	1	数据上报频率	≥30 min 时，取值为 30 min 的倍数，且可整除 24 h
9	RTU	none	unsigned char	1	数据存储间隔	能整除 60 min 的整数
10	RTU	1 ~ 2	unsigned int	1	数据 1 报警上限	可设置 3 个小数位
11	RTU	1 ~ 2	unsigned int	1	数据 1 报警下限	可设置 3 个小数位
12	RTU	1 ~ 3	unsigned short	1	数据 2 报警上限	可设置 2 个小数位
13	RTU	1 ~ 3	unsigned short	1	数据 2 报警下限	可设置 2 个小数位
14	RTU	1 ~ 3	unsigned short	1	模拟量通道接入设备唤醒时间	ms

表 5-12 描述了从服务器下发给 RTU 的一系列命令和参数。这些参数允许服务器对 RTU 设备进行详细的配置，涉及网络设置、数据上报频率、数据存储以及报警阈值等，从而确保设备能够按照预期工作，并在必要时触发报警。

发出命令后，设备会对命令的响应情况给出应答信息，设备上报应答信息对应的消息 ID 赋值为 0x0F01，消息类型对应的是证实消息正确应答，赋值为 0x03，而消息正文对应的信息字符串与命令字符串一致即可。

2. 下发端口信息设置模式

向 I/O 口发出设置模式时，对应的消息 ID 赋值为 0x1002，消息类型对应为证实消息，赋值为 0x01。下发 I/O 口信息模式命令见表 5-13。

表 5-13　　下发 I/O 口信息模式命令

服务器发起						
Label	DevID	Chan	Type	Number	描述	
1	RTU	none	unsigned char	1	I/O 模式（保留，设置无效）	0x01：数字输入模式 0x02：数字输出模式 0x03：模拟输入模式 0x04：模拟输出模式
2	RTU	none	unsigned char	1	I/O 状态	0x00：低电平 0x01：高电平

I/O 口模式设置信息字符串由两组数构成，分别是 I/O 口模式对应的一组数和 I/O 口状态对应的一组数。设备对命令的响应情况给出应答信息，同样与命令字符串一致即可。

以上内容介绍了在物联网实际应用场景下，多自定义协议通信时协议内容的制定方法。完整、规范的自定义通信协议是确保物联网项目顺利进行的关键。它不仅为团队成员提供了明确的参考指南，而且确保了各个组件之间的顺畅通信和数据传输。

思考题

1. 通信协议的设计考虑因素包括哪些方面?

2. TLV 协议字段有哪几部分结构? 每部分构成的字节具有什么含义?

3. 原始的 TLV 协议有哪些缺陷? 可以如何弥补?

4. 物联网通信协议由哪几部分组成?

第六章 物联网轻量级协议开发

随着物联网技术的突飞猛进，物联网设备的数量正在迅猛增长，同时，物联网通信协议技术也在持续优化和完善。轻量级物联网通信协议以其高效、灵活及可靠的特性，逐渐成为众多物联网应用中的佼佼者。

本章深入探讨了轻量级物联网通信协议的流程故障排查与调优策略，介绍了消息队列遥测传输（message queuing telemetry transport，MQTT）协议和受限应用程序协议（constrained application protocol，CoAP）的相关知识，同时提供针对这些协议的流程故障排查与调优方法，对鉴权接入技术进行全面的阐述，深入剖析其工作原理及应用场景。对设备安全接入的相关知识进行说明，对读者进行全面指导。

- **职业功能：** 物联网应用协议开发。
- **工作内容：** 物联网轻量级协议开发。
- **专业能力要求：** 能运用轻量级协议（如 MQTT 协议、CoAP 等）实现应用流程的故障排查与调优；能运用加解密技术，使用普通鉴权或加密算法鉴权，实现认证连接；能运用安全套接字协议和安全传输层协议，实现设备安全接入。
- **相关知识要求：** 加密解密知识；鉴权知识；SSL 知识；TLS 知识。

第一节　应用流程故障排查与调优

考核知识点及能力要求：

- 了解 MQTT 协议知识。
- 掌握 MQTT 协议流程故障排查和调优。
- 了解 CoAP 知识。
- 掌握 CoAP 流程故障排查和调优。

一、消息队列遥测传输协议基础

（一）消息队列遥测传输协议简介

消息队列遥测传输协议是符合国际标准化组织标准的一种基于发布—订阅模式的消息协议。MQTT 协议 基于 TCP/IP 协议簇，最大优点在于能以极少的代码和有限的带宽，为连接远程设备提供实时可靠的消息服务。作为一种低开销、低带宽占用的即时通信协议，其在物联网、小型设备、移动应用等方面应用广泛。

（二）消息队列遥测传输协议数据包结构

消息队列遥测传输协议数据包分为以下两大部分：

固定报头部分存在于所有 MQTT 协议数据包中，表示数据包类型及数据包的分组类标识。固定报头至少由 2 字节组成，其中第一个字节的高四位表示控制报文类型，而低四位表示标志位。第二个字节开始是剩余长度字段，表示后续数据的长度。

可变报头和消息体部分根据数据包类型的不同而有所变化。可变报头存在于部分MQTT协议数据包中，其具体内容取决于数据包类型。消息体也存在于部分MQTT协议数据包中，表示客户端收到的具体内容。这两部分合起来可以看作是数据包的“可变”部分，因为它们的长度和内容会根据数据包类型和控制标志变化而变化。

MQTT报文格式可划分为四个主要组成部分，见表6–1。首先是固定控制报头，它恒定为1字节大小，且该字节被分为高四位和低四位，各自承载着特定的信息。其次是剩余数据长度字段，其长度通常不超过4字节，用于指明后续数据的长度。再次是可变长度报头，它主要为有效数据载荷提供所需的元数据和指令信息。最后是有效数据载荷部分，它会随着可变报头中定义的类型变化而变化，承载着实质性的数据传输任务。

表6–1　MQTT报文格式

固定控制报头	剩余数据长度字段	可变长度报头	有效数据载荷
1字节	1～4字节	0～x字节	0～y字节

二、消息队列遥测传输协议的流程故障排查和调优

MQTT协议作为一种轻量级通信协议，在流程故障排除和调优中扮演重要角色，包括监控消息传递、调试设备通信、负载均衡和优化、故障诊断和重连策略、性能分析和优化等。

（一）监控消息传递

MQTT协议作为物联网设备之间通信的基础协议，监控MQTT消息的传递情况，可以发现可能存在的故障。监控消息的发布和订阅情况，可以及时发现通信异常或消息丢失的问题。

当嵌入式设备使用MQTT协议与云端进行通信时，可以利用MQTT协议监控消息传递来发现可能存在的故障。当设备需要周期性地向云端发送温度数据，并从云端接收指令控制设备行为时，为设备订阅一个特定的主题（如“device/temperature”）来接收指令，同时将温度数据发布到另一个主题（如“device/temperature/data”）。

通信异常或消息丢失的问题可通过监控 MQTT 消息的发布和订阅情况来发现。如果设备没有成功将温度数据发布到“device/temperature/data”主题，那么可能存在设备故障或者网络连接问题。通过监控消息的发布情况，可以及时发现这个问题，并采取相应措施，如重新连接 MQTT 服务器或重新发布消息。

另外，如果设备无法正确订阅“device/temperature”主题以接收指令，可能存在订阅失败或者拒绝订阅的问题。通过监控消息的订阅情况，可以及时发现故障并进行排除，检查设备的订阅逻辑是否正确，或确认设备是否有足够的权限来订阅该主题。

使用 MQTT 协议进行通信的嵌入式设备可以通过监控消息传递情况来实现故障诊断。在实际应用中，可以根据具体需求进行定制开发，如将警报信息发送到其他系统中进行处理。

（二）调试设备通信

在调试设备通信中，监控 MQTT 消息的内容和传递情况，可以发现设备通信故障，如检查消息主题、QoS 级别、消息负载等信息，以确定消息是否正确到达目标设备。

1. 检查消息主题

监控 MQTT 消息的主题，可以确定设备是否订阅了正确的主题，以确保消息能够正确发送到目标设备。如果设备没有正确订阅主题，可能是因为订阅逻辑有问题或权限设置不正确。

例如，智能家居系统中存在一个温度传感器和一个温度显示器，温度传感器将温度数据发布到“home/temperature”主题，而温度显示器订阅该主题接收温度数据。如果温度显示器没有正确订阅主题，将无法接收到温度数据。因此，可以通过监控订阅情况发现故障问题，并检查温度显示器的订阅逻辑是否正确。

2. 检查 QoS 级别

MQTT 协议支持三种不同的 QoS 级别（0、1 和 2），用于指定消息传递的可靠性和保证程度。通过监控 MQTT 消息的 QoS 级别，可以确定消息是否正确传递到目标设备，并检查消息是否按照预期的可靠性级别进行传递。

3. 检查消息负载

监控 MQTT 消息的负载内容，可以检查消息的格式、数据是否正确，验证消息的准确性和完整性，常用于调试设备通信故障。

（三）负载均衡和优化

在流程调优中，可以通过合理设计 MQTT 主题结构和负载均衡策略来提高消息传递效率。监控设备之间的消息传递情况，可以对消息的负载均衡进行调优，确保系统资源得到合理利用。

1. 设计合理的主题结构

主题应该根据设备的功能或数据类型进行组织，例如，“device/temperature”用于温度数据，“device/humidity”用于湿度数据。

使用通配符主题（wildcard topic）接收多个设备的数据，例如，“device/+/temperature”表示接收所有设备的温度数据。

2. 实现负载均衡策略

将订阅主题分散到多个 MQTT 客户端，以减轻单个客户端的负担，实现负载均衡。可以根据设备的数量和消息传递情况动态调整订阅主题的分配策略，确保系统资源得到合理利用。

实际使用时，应根据需要设置 MQTT 客户端的其他选项（如 QoS 级别、保留标志、清除会话等），并进行 MQTT 发布等相关操作。

（四）故障诊断和重连策略

当设备出现连接故障或者断线重连时，可以采取故障诊断策略，监控 MQTT 连接状态和重连情况来诊断问题，并采取重连策略，有助于提高系统稳定性。

故障诊断的过程可以分为以下步骤：

1. 检查连接状态

检查设备是否已经成功连接到 MQTT 服务器。如果连接状态正常，则需要进一步检查网络连接、MQTT 服务器状态等方面的问题。

2. 检查日志

如果连接状态正常，但是设备无法正常收发 MQTT 消息，则需要检查 MQTT 客户端的日志，查看是否存在异常信息。

3. 检查配置文件

如果日志中未发现异常信息，可以考虑检查 MQTT 客户端的配置文件，确保 MQTT 服务器地址、设备 ID 等配置项正确。

4. 检查 MQTT 服务器状态

如果通过以上步骤均未找到问题，可以考虑检查 MQTT 服务器的状态，如是否正常运行、是否存在网络问题等。

诊断完成后，需要采取相应的重连策略。重连策略的设计需要考虑网络连接的不稳定性和 MQTT 服务器的负载状态等因素。常见的重连策略如下。

1. 等待重连

发现连接故障，等待一段时间后重新连接，如等待 5 s。

2. 重连次数限制

连续多次重连失败后，可以停止重连，并通知管理员进行问题排查。

3. 多个服务器备份

MQTT 服务器存在多个备份节点时，可以尝试连接其他备份节点，以提高成功率。

4. 降低频率

在网络连接不稳定或 MQTT 服务器负载较高的情况下，可以降低重连频率，以避免对 MQTT 服务器造成额外负载。

（五）性能分析和优化

通过监控 MQTT 消息传递的性能指标，如消息延迟、吞吐量等，可以对系统进行性能分析和优化。根据实际的性能指标，可以调整 QoS 级别、消息大小、发送频率等参数，以提高系统的通信效率和稳定性。

性能分析和优化的过程分为以下步骤。

1. 确定性能指标

确定需要监控的性能指标，如消息延迟、吞吐量等。这些指标应该与系统设计目标一致，以衡量系统的性能。

2. 监控性能指标

通过代码中添加计时器或其他性能监控工具来监控所需的性能指标，如消息延迟、吞吐量等。

3. 分析性能数据

收集性能数据后，需要对其进行分析，以便识别系统中的瓶颈或性能问题。

4. 优化系统

根据性能分析结果，采取优化措施，如调整 QoS 级别、消息大小、发送频率等参数，以提高系统的通信效率和稳定性。

三、受限应用程序协议基础

受限应用程序协议是一种用于物联网设备的应用层协议，它基于 UDP 传输协议。CoAP 旨在提供简单、轻量级的通信机制，适用于资源受限的网络环境。CoAP 报文由头部（header）和选项（option）组成。头部包含请求 / 响应的类型、消息 ID、Token、Code，以及消息格式等信息。选项提供了额外的参数，如 URI 路径、观测标记、内容格式等，可以根据需要进行扩展。

（一）受限应用程序协议的特点

1. 轻量级

CoAP 设计简单，头部和选项的开销很小，适合资源受限的设备。

2. 低功耗

CoAP 使用 UDP 作为传输协议，减少了通信开销，有助于延长设备的电池寿命。

3. 简单可靠

CoAP 支持可靠传输（通过重传机制）和不可靠传输（类似于 UDP）两种模式。

4. 可扩展性

CoAP 的选项字段可以根据需要进行扩展，以满足各种场景的需求。

5. 与 HTTP 兼容

CoAP 与 HTTP 之间存在映射关系，方便与现有的 Web 服务进行互操作。

（二）受限应用程序协议的应用场景

CoAP 适用于资源受限的环境，如传感器网络、智能家居、工业物联网等。它可以在低功耗设备和有限带宽的网络中实现高效通信。CoAP 支持观测机制，允许客户端订阅资源的变化。

总之，CoAP 是一种适用于物联网设备的轻量级应用层协议，具有简单、低功耗、可靠、可扩展等特点，广泛应用于资源受限的网络环境。

四、受限应用程序协议的流程故障排查和调优

（一）受限应用程序协议故障排查

1. 网络连接问题排查

网络连接问题排查的目的是确保设备之间的网络连接是正常的。可以使用 ping 命令测试设备之间的连通性。如果 ping 命令无法成功，则可以检查以下方面。

（1）确保设备的网络配置正确，包括 IP 地址、子网掩码、网关等。

（2）检查防火墙设置，确认是否阻止了 CoAP 协议通信的端口。

（3）检查路由表配置，确保路由设置正确，以便能够正确转发 CoAP 消息。

2. 消息丢失或重传问题排查

在 CoAP 通信中，消息的可靠性非常重要。如果出现消息丢失或需要进行消息重传，则需要对此进行排查。以下是一些常见的排查方法。

（1）使用抓包工具（如 wireshark）捕获 CoAP 消息，检查是否有消息丢失的情况。

（2）查看 CoAP 消息中的重传机制参数，如超时时间和最大重传次数。根据实际情况进行调整，确保合理的重传策略。

3. 资源受限导致通信失败排查

CoAP 常用于物联网设备之间的通信，而这些设备通常具有资源受限的特点。排查通信失败问题时，需要考虑设备资源的使用情况，并对其进行优化。常见的处理方法如下。

（1）监测设备的资源使用情况，包括内存、处理能力和能源消耗等。如果设备资

源接近极限，可能会导致通信失败。在这种情况下，可以考虑优化资源使用情况，如降低通信频率等，以降低资源消耗。

（2）检查数据传输格式和大小，确认是否超出设备资源可承受的范围。如果数据量过大，可以考虑分包处理或者使用更高效的数据编码方式。

4. 观测机制失效排查

CoAP 中的观测机制允许客户端订阅资源的变化，并在资源发生变化时自动接收更新。如果观测机制失效，即使资源发生了变化，客户端也无法及时获得更新。常见的排查方法如下。

（1）检查观测机制配置是否正确，如确认客户端是否正确订阅了资源。

（2）检查观测机制产生的数据能否正常发送到客户端，可以通过抓包工具或日志记录来验证观测数据的传输情况。

5. 安全性问题排查

安全性对 CoAP 通信也是非常重要的。需要确保通信过程中数据不被篡改或泄露，常见的排查方法包括检查通信是否存在安全隐患，如明文传输、未经身份验证等。如果存在安全隐患，可以使用 CoAP 加密传输等方式提高通信安全性。

6. 服务端性能问题排查

CoAP 中的服务端性能对通信的稳定性和响应速度至关重要。常见的排查方法如下。

（1）监控服务端的性能指标，如 CPU 利用率、内存使用情况、网络带宽等。

（2）使用性能监控工具，如 top、htop 等，对服务端进行监控和性能分析，以确定是否存在性能瓶颈。

在 CoAP 通信故障排查和调优过程中，可以借助一些常用的工具和语言指令来辅助分析和解决问题。例如，使用抓包工具 Wireshark 可以捕获 CoAP 消息，性能监控工具 top、htop 可以监控系统性能指标，ping 命令可以测试网络连通性。此外，可以通过优化网络配置、调整消息重传机制参数、优化数据传输格式、增加安全机制、优化服务端处理逻辑等方式来提升 CoAP 通信的稳定性和性能。

（二）使用 Wireshark 软件进行故障调优

1. 数据包捕获

Wireshark 软件支持在各种操作系统上进行数据包捕获，包括 Windows、macOS 和 Linux。用户可以选择合适的网络接口，如以太网、Wi-Fi、虚拟网卡等，以捕获特定范围内的数据包。捕获数据包时，可以借助多种捕获过滤器选项，使用户可以根据协议、源地址、目标地址、端口号等条件进行过滤，以便只捕获感兴趣的数据包。

2. 数据包过滤和分析

数据包捕获后，可以查看每个数据包的详细信息，包括源地址、目标地址、协议类型、数据长度等。通过显示过滤器功能，根据特定条件过滤显示的数据包，以便快速定位和分析感兴趣的数据包。

3. 网络连接和通信分析

分析网络连接的建立过程，如 TCP 握手过程。通过检查连接建立成功与否以及握手过程中的任何异常来发现连接问题，或查看 HTTP 请求和响应的内容，分析 Web 应用程序的通信过程。这有助于发现潜在的网络问题，如请求超时、响应错误等。

4. 网络瓶颈和性能问题识别

分析数据包的传输情况、响应时间和延迟，可以确定是否存在网络拥塞、丢包或延迟等问题。观察 TCP 流量的行为，可以识别是否存在 TCP 慢启动、网络拥塞等问题，从而优化网络性能。

5. 网络性能优化

识别网络性能问题后，可以采取优化措施，如优化网络配置、调整路由策略、增加带宽或优化应用程序行为等。

第二节　鉴权接入技术

考核知识点及能力要求：

- 了解加解密技术的概念、分类及特点。
- 了解鉴权接入技术相关的身份认证技术。
- 掌握基本的加密技术和鉴权接入技术。

一、加解密技术概述

加解密技术是信息安全领域中常用的技术手段之一，用于保护数据的机密性和完整性。加密技术是将原始数据（明文）通过特定的算法（加密算法）和密钥转换成不易被直接理解的形式（密文），以确保数据的机密性、完整性和可用性。解密技术是将密文还原为明文的过程，通常需要使用与加密时相同的算法和相应的密钥来实现。加解密技术通过对数据进行编码和解码操作，使只有授权的人或系统才能正确读取数据。

（一）常见的加密技术

加密技术可以根据不同的加密算法和使用方式进行分类。常见的加密技术如下。

1. 对称加密

对称加密也称为共享密钥加密，指的是加密和解密过程使用相同的密钥。该加密算法具有加密速度快、计算复杂程度低等特点，适用于大量数据的加密和解密操作。常见的对称加密算法包括数据加密标准（data encryption standard，DES）、高级加密标准（advanced encryption standard，AES）等。

2. 非对称加密

非对称加密也称为公钥加密。一对密钥分为公钥和私钥，公钥用于加密数据，私钥用于解密数据。该加密算法具有密钥分发方便、安全性较高等特点，适用于安全通信和数字签名等场景。常见的非对称加密算法包括维斯特 - 沙米尔 - 阿德勒曼算法、椭圆曲线密码学等。

3. 哈希函数

哈希函数是一种将任意长度的输入数据映射为固定长度哈希值的算法。它具有数据唯一性、不可逆性等特点，常用于验证数据完整性和生成数字签名。常见的哈希函数算法包括消息摘要算法、安全散列算法等。

4. 数字签名

数字签名是对数据进行加密并附加在数据上的一种技术手段。它能够验证数据的完整性和真实性，确保数据在传输过程中没有被篡改。

（二）加解密技术的特点

加解密技术的特点主要体现在以下方面。

1. 保护机密性

加密技术的主要功能之一是保护数据的机密性。通过对数据进行编码或转换，加密技术能够确保未经授权的个人或系统无法读取或理解数据的真实内容。只有持有正确密钥的授权接收者才能解密并访问原始数据，从而有效确保数据的隐私性和机密性。

2. 保护完整性

加解密技术通过哈希函数、数字签名等手段来保障数据的完整性。哈希函数可以将任意长度的数据转换为固定长度的哈希值，用于验证数据的完整性，即数据是否在传输过程中被篡改。数字签名则能够验证数据的真实性和来源，确保数据由特定发送者发送且未被篡改。

3. 密钥管理

加解密过程中密钥的管理至关重要。密钥是用于加密和解密数据的核心要素，因此对其生成、分发、存储和销毁必须进行严格管理。密钥管理涉及密钥的安全性、可用性和可恢复性，是加解密技术中不可或缺的一部分。

4. 安全性和性能的权衡

选择加密算法时，需要考虑安全性和性能之间的权衡。一些高级的加密算法提供了极高的安全性，但可能消耗更多的计算资源，从而影响性能。相反，一些轻量级的加密算法可能性能更佳，但在安全性方面有所妥协。因此，应根据数据敏感性、系统资源限制及性能要求选择合适的加密算法。

（三）加解密技术的应用场景

1. 数据传输安全

在网络通信中，为了保证数据在传输过程中的安全，常使用加解密技术。例如，HTTPS 协议通过使用安全套接字协议和安全传输层协议来加密浏览器和服务器之间的通信，确保数据在传输过程中不被窃取或篡改。

2. 用户身份验证

非对称加密技术在用户身份验证中发挥重要作用。例如，公钥基础设施利用数字证书和非对称加密算法来验证用户身份，保护用户的隐私和数据安全。数字签名常用于验证电子文档或软件分发者的身份，确保接收者收到的信息真实且未被篡改。

3. 文件和磁盘加密

为了防止敏感数据被未经授权的人访问，可以对文件和整个磁盘进行加密。例如，使用 BitLocker、VeraCrypt 或 FileVault 等可以对整个硬盘或特定分区进行加密，确保即使硬件丢失，数据也不会被轻易泄露。

4. 数字版权保护

在数字媒体和内容分发领域，加解密技术用于保护版权，防止内容被非法复制或传播。数字版权管理系统利用加密技术限制对受版权保护内容的访问和复制，确保内容创作者和版权所有者权益得到保护。

总之，加解密技术在信息安全领域扮演重要角色，广泛应用于数据传输、身份验证、文件加密、数字版权保护等方面。合理选择和使用加解密技术，可以确保数据的机密性、完整性和可靠性。

二、鉴权接入技术

鉴权接入技术（authentication access technology，AAT）是用于确认用户身份并控制其对系统资源的访问权限的一系列技术手段。

（一）鉴权接入技术概述

鉴权接入技术是信息安全领域至关重要的一部分，用于确认用户身份并控制其对系统资源的访问权限。常见的鉴权接入技术如下。

1. 用户名和密码认证

用户名和密码认证是最常见的身份认证方式，用户通过提供唯一的用户名和与之匹配的密码来验证自己的身份。系统会将用户提供的密码与存储在数据库中的加密密码进行比对，以确认用户身份。密码通常以哈希形式存储，以提高安全性，哈希算法将密码转换为不可逆的密文，确保即使数据库泄露也难以还原出原始密码。

2. 多因素认证

多因素认证（multi-factor authentication，MFA）结合两个或多个独立的身份验证因素进行认证，以提高身份验证的安全性。例如，输入用户名和密码后，系统可能会要求用户提供手机验证码、指纹或硬件令牌等额外的认证因素，提高了系统安全性，即使密码泄露也难以入侵，攻击者只有同时获取多个因素才能成功登录。

3. 单点登录

单点登录是一种让用户只需通过一次登录即可访问多个相关应用程序的身份验证机制。用户只需提供一次身份认证，就可以无须再次登录即可访问其他受信任的应用程序。

4. 数字证书

数字证书是一种由可信第三方机构签发的电子文档，用于证明特定实体的身份。数字证书包含实体的公钥和其他相关信息，用于进行身份验证和数据加密。

5. 访问令牌

访问令牌（access token，AT）是一种用于验证用户身份和访问权限的令牌。用户在通过身份验证后，会获得一个访问令牌，该令牌包含用户的认证信息和权限级别，用于在一段时间内访问系统资源。

6. 基于角色的访问控制

基于角色的访问控制（role-based access control，RBAC）模型通过将用户分配到不同的角色，并为每个角色定义特定权限，来实现对系统资源的访问控制。用户访问权限由其所属角色决定。

鉴权接入技术在各种系统和应用中起着重要作用，包括网络应用、移动应用、操作系统以及企业内部系统等。通过合理选择和使用鉴权接入技术，可以确保系统安全性，防止未经授权的访问和保护用户隐私。

（二）基于 mosquitto 服务器的鉴权接入案例

mosquitto 服务器支持多用户登录，只有使用用户名和密码登录服务器才允许用户进行订阅与发布操作。用户机制是 mosquitto 重要的安全机制，能够加强服务器的安全性。配置用户登录信息需要配置 mosquitto 三个文件。其中，mosquitto.conf 文件为最重要的配置文件，pwfile.example 文件用以保存用户名与密码，而用户权限配置则保存在 aclfile.example 中。

1. 启用密码登录

要实现登录，需先关闭 mosquitto 匿名用户登录功能。打开 mosquitto.conf 文件，修改 allow_anonymous 节点，将其注释符“#”删除并将值改为 false。代码如下：

```
allow_anonymous false
```

然后配置 password_file 节点，这个节点决定配置的用户信息存放在何处。指定 pwfile.example 文件路径（禁止匿名访问后需要指定路径）。代码如下：

```
password_file /etc/mosquitto/pwfile.example
```

2. 配置用户名和密码

例如，配置用户名为 admin1 的用户，需打开命令行窗口，键入如下命令：

```
mosquitto_passwd -c /etc/mosquitto/pwfile.example admin1
```

提示连续两次输入密码，输入后新用户 admin1 配置成功。命令中 -c 表示建立一个用户，/etc/mosquitto/pwfile.example 是指将用户建立到 pwfile.example 文件中，用户名是 admin1。若第二次建立用户，配置用户名和密码时不用加 -c，若加 -c 会把第一次建立的用户覆盖。例如，配置用户 admin2，需在命令行窗口输入如下命令：

```
mosquitto_passwd /etc/mosquitto/pwfile.example admin2
```

用户名和密码配置完成后，相关数据会保存在 pwfile.example 文件中。查看 pwfile.example 文件会发现其中多了两个用户 admin1 和 admin2。

3. 删除用户

使用 mosquitto_passwd -D 命令可以删除用户，命令用法如下：

```
mosquitto_passwd  -D  password username
```

username：要删除的用户名。

password：要删除的用户密码。

4. 用户权限管理

mosquitto 服务器支持授予不同用户独立的操作权限，也就是用户权限管理。若想设置用户某些权限，首先要在 pwfile.example 文件中给用户进行权限配置，然后修改 mosquitto.conf 文件的 acl_file 节点。例如，要赋予用户 admin1 发布主题 water/temp 的权限，需先在 pwfile.example 文件中进行如下配置：

```
user admin1
topic write water/temp/#
```

然后修改 mosquitto.conf 文件 acl_file 节点，修改操作如下：

```
acl_file /etc/admin1/aclfile.example
```

第三节　设备安全接入

考核知识点及能力要求：

- 了解安全套接字层 SSL 概念。
- 了解传输层安全协议 TLS 概念。
- 掌握设备安全接入方法。

一、设备安全接入简介

（一）安全套接字层

安全套接字层（secure socket layer，SSL）是基于公钥密码体制和 X.509 数字证书技术，为网络通信提供身份认证以及数据传输保密性、完整性的一种安全协议。安全套接字层用以保障在 Internet 上数据传输的安全，利用数据加密技术，确保数据在网络传输过程中不会被截取。SSL 3.0 版本已广泛用于 Web 浏览器和服务器之间的身份认证和加密数据传输。

SSL 协议位于 TCP/IP 协议与各种应用层协议之间，为数据通信提供安全支持。SSL 协议可分为两层，分别为记录协议和握手协议。SSL 记录协议（SSL record protocol）建立在可靠的传输协议上，为高层协议提供数据封装、压缩、加密等基本功能的支持。SSL 握手协议（SSL handshake protocol）建立在 SSL 记录协议之上，用于在实际的数据传输开始前，通信双方进行身份认证、协商加密算法、交换加密密钥等。

（二）传输层安全协议

传输层安全（transport layer security，TLS）协议用于两个应用程序之间，以确保数据保密性和数据完整性。TLS 1.0 是互联网工程任务组（internet engineering task force，IETF）制定的一种新的协议，建立在 SSL 3.0 协议规范之上，是 SSL 3.0 的后续版本，可以理解为 SSL 3.1。该协议由两层组成：TLS 记录协议（TLS record protocol）和 TLS 握手协议（TLS handshake protocol）。较低的层为 TLS 记录协议，位于某个可靠的传输协议上面。

二、协议的组成

SSL 协议由两部分组成，分别是握手协议、记录协议。握手协议是协商加密算法、MAC 算法以及会话密钥相关的协议，记录协议是对交换的数据进行加密和签名使用的协议。

（一）握手协议

握手协议是在客户端和服务端建立 SSL 连接时执行的协议。它在传输数据前完成，是客户端和服务端相互鉴别身份、协商加密算法、消息认证码（message authentication code，MAC）算法以及加密数据所使用的会话密钥。握手协议的步骤如下。

1. 建立安全能力

（1）客户端打招呼（client hello）。客户端连接到服务端时发送的第一条信息，包含客户端支持的加密组件，这些组件包括加密算法、压缩算法、摘要算法，以及本次连接客户端生成的随机数。

（2）服务端回应客户端（server hello）。服务端对客户端的回复，包含服务端从客户端提供的信息中选择本次会话使用的加密算法、压缩算法、摘要算法，以及服务端生成的随机数。

2. 服务端认证与密钥交换

在服务端认证与密钥交换过程中包含以下内容。

（1）服务端证书（server certificate）。如果需要验证服务端身份，服务端完成 server hello 消息发送后提供其证书，通常为 X.509v3 格式的证书。

（2）服务端密钥交换（server key exchange）。补充之前在 server hello 消息中声明的密码组，为客户端提供继续通信所需的算法变量。

（3）证书请求（certificate request）。如果服务端需要验证客户端身份，它将向客户端发送证书请求，包含服务端可验证的证书类型和可信任的 CA 证书序列。

（4）服务端完成（server hello done）。表明服务端 Hello 部分结束，等待客户端响应。

3. 客户端认证与密钥交换

（1）客户端证书（client certificate）。如果服务端请求客户端证书，客户端收到 server hello done 消息后发送该信息。

（2）客户端密钥交换（client key exchange）。消息内容取决于密钥交换算法类型，可能包含预加密主密钥。

（3）证书验证（certificate verify）。用于提供客户端证书验证。

4. 完成握手

（1）双方利用预主密钥生成主密钥，再生成会话密钥。

（2）改变加密规范。通知对方加密规范已改变，准备使用协商的加密套件和会话密钥加密数据传输。

（3）完成。发方使用协商好的加密套件和会话密钥加密一段 Finish 数据传送给收方，收方检查其内容是否正确，以确定加密通道是否成功建立。

5. 警报协议

当客户端和服务端发现错误时，会向对方发送警报消息。如果是致命错误，会话立即终止并关闭 SSL 连接。

握手协议通过上述步骤确保安全通信的建立，包括双方的身份认证、密钥协商以及加密通道的建立，从而保障数据传输的安全性和完整性。

（二）记录协议

客户端和服务端完成鉴别并确定安全信息交换使用的算法后，进入 SSL 记录协议，主要提供两个服务，使用握手协议定义的加密密钥对传送的数据加密，以及使用握手协议定义的带有消息认证码的密钥计算该认证码的完整性。

记录协议接收到应用程序传送的消息，将数据切成容易管理的小区块（分片），然后选择是否对区块进行压缩，再加上此区块的消息认证码，将数据区块与 MAC 一起进行加密，加上 SSL 记录后通过 TCP 传送出去。数据接收方对数据进行解密、验证、解压缩、重组，将消息的内容还原，传送给上层应用程序。

三、设备安全接入过程

物联网中的设备需要通过不安全的网络访问服务器上受保护的资源时，可采用 SSL/TLS 协议进行身份验证。制造商为每台设备提供唯一的加密密钥和客户端证书，服务器在设备接入时，向设备请求获取其身份信息和客户端证书，当双方相互验证通过时，即可通过 HTTPS 协议、MQTT 协议等进行加密数据的传输。例如，在智能家居场景下控制照明灯，采用 SSL/TLS 协议验证身份信息后，设置照明灯的开关状态，通过 MQTT 协议读取灯的状态并进行发布。

1. 平台登录和鉴权设定

定义结构体 user，用于表示用户信息。结构体包含 username 和 password 两个成员变量，分别用于存储用户名和密码。示例代码如下：

```
typedef struct {
    char username[20];
    char password[20];
} User;
```

定义名为 authenticate 的函数，用于验证用户身份。函数接口包含 username（用户名）和 password（密码）两个参数。函数使用 for 循环遍历用户列表，逐个检查用户名和密码是否匹配，返回布尔类型的值 true，表示鉴权成功；返回布尔类型的值 false，则表示鉴权失败。示例代码如下：

```
    bool authenticate(char *username, char *password) {     for (int i = 0; i < num_users;
i++) {
```

```
        if (strcmp(users[i].username, username) == 0 && strcmp(users[i].password, password) == 0) {
            return true; // 用户名和密码匹配，鉴权成功
        }
    }
    return false; // 用户名和密码不匹配，鉴权失败
}
```

2. 照明灯开关控制和状态读取

函数 control_light( ) 用于控制灯的开关。检查参数 token 是否为 NULL，如果为 NULL，则输出提示“鉴权失败，请先登录”信息并返回。登录成功后，根据参数 on 的值判断灯的开关状态，并通过 GPIO 接口控制照明灯的打开与关闭。示例代码如下：

```
void control_light(bool on, char *token) {
    if (token == NULL) {
        printf(" 鉴权失败，请先登录 \n");
        return;
    }
    if (on) {
        printf(" 灯已打开 \n");
        // 控制灯亮的逻辑，通过 GPIO 1 控制灯
        wiringPiSetup(); // 初始化 wiringPi 库
        pinMode(1, OUTPUT); // 设置 GPIO 1 为输出
        digitalWrite(1, HIGH); // 设置 GPIO 1 输出高电平，灯打开
    }
    else {
        printf(" 灯已关闭 \n");
```

```
    // 控制灯灭的逻辑，通过 GPIO 1 控制灯
    wiringPiSetup(); // 初始化 wiringPi 库
    pinMode(1, OUTPUT); // 设置 GPIO 1 为输出
    digitalWrite(1, LOW); // 设置 GPIO 1 输出低电平，灯关闭
}
```

接着使用 light_status 变量表示灯的状态。示例代码如下：

```
int light_status = digitalRead(1); // 读取 GPIO 1 的电平状态
printf(" 灯的状态为：%s\n", light_status ? " 打开 ":" 关闭 ");
bool light_status = true; // 假设灯的状态为打开
printf(" 灯的状态为：%s\n", light_status ? " 打开 ":" 关闭 ");
```

3. 发布照明灯状态信息

使用 MQTT 协议发布灯的状态信息。创建 MQTT 客户端，并指定服务器地址、客户端 ID 等参数。连接 MQTT 服务器后，使用指定的 token 进行鉴权。创建消息对象并根据灯的状态填充消息内容，发布消息到指定的主题“light_status_topic”。示例代码如下：

```
// 使用 MQTT 协议发布灯的状态
MQTTClient client;
MQTTClient_create(&client, "tcp://mqtt.example.com:1883", "example_client_id",
MQTTCLIENT_PERSISTENCE_NONE, NULL);
MQTTClient_connectOptions conn_opts = MQTTClient_connectOptions_initializer;
conn_opts.username = token; // 使用鉴权的 token 作为用户名
MQTTClient_connect(client, &conn_opts);
MQTTClient_message pubmsg = MQTTClient_message_initializer;
pubmsg.payload = light_status ? "on" : "off";
```

```
pubmsg.payloadlen = strlen(pubmsg.payload);
pubmsg.qos = 1;
pubmsg.retained = 0;
MQTTClient_deliveryToken token;
MQTTClient_publishMessage(client, "light_status_topic", &pubmsg, &token);
MQTTClient_disconnect(client, 10000);
MQTTClient_destroy(&client);
}
```

思考题

1. MQTT 协议流程故障排查和调优的方法有哪些？
2. CoAP 流程故障排查和调优的方法有哪些？
3. 常见的加密技术有哪些？
4. 常见的鉴权接入技术有哪些？

第七章 物联网协议安全开发

物联网的迅猛发展催生了众多智能化设备与应用，然而，这也引起了人们对物联网协议安全性的高度关注。确保物联网安全不仅需要技术支持，而且必须在组织内部加强安全培训。这将有助于增强团队的安全素养，提升整个团队在应对物联网安全挑战方面的能力。实施物联网项目时，应根据具体需求和技术架构进行定制化开发。同时，密切关注物联网领域的最新安全威胁和防护方案，及时更新设备和代理程序，以确保系统的持续安全。

- **职业功能：** 物联网应用协议开发。
- **工作内容：** 物联网协议安全开发。
- **专业能力要求：** 能根据物联网业务特性，进行物联网协议安全策略的设计；能运用常用加密算法，实现协议数据的加密封装和解析。
- **相关知识要求：** 数据安全技术知识；密码学技术基础知识。

第一节　物联网协议安全策略设计

考核知识点及能力要求：

- 了解物联网协议安全关键技术。
- 了解物联网协议安全策略。
- 掌握 MQTT 协议安全策略设计。

一、物联网协议概述

（一）物联网协议介绍

物联网协议指的是连接物联网设备的通信协议。这些协议负责在物联网设备之间建立通信，进行数据交换和信息传递。常见的物联网协议包括 MQTT 协议、CoAP、HTTP、LoRaWAN 协议等。其中，MQTT 协议是一种基于发布 / 订阅模式的“轻量级”的消息协议，CoAP 是一种基于请求 / 响应模式的协议，HTTP 是一种常见的互联网协议。LoRaWAN 协议是一种低功耗广域网协议，用于连接物联网设备到云端平台。这些协议在物联网设备之间建立连接，实现数据采集、传输、存储和处理等功能，为物联网应用提供基础支持和保障。

物联网协议具有以下特点。

1. 高效性

物联网协议能够高效传输数据，以满足实时性需求。

2. 低功耗

物联网设备通常具有有限的能源供应，因此协议需要尽可能降低功耗，以延长设备的工作时间。

3. 安全性

物联网协议需要提供安全的数据传输和信息保护，以防止数据泄露。

4. 灵活性

物联网协议需要能够适应不同的应用场景和设备类型，具有灵活性和可扩展性。

5. 易于集成

物联网协议需要易于与其他系统和平台集成，以实现数据共享和交互。

（二）物联网协议安全的关键技术

物联网中的设备通过互联网进行通信，实现数据传输和交互，物联网协议的安全至关重要。需要制定安全协议和工作机制，以实现设备之间或设备与服务器之间的可控、高效、安全的数据传输。安全协议和工作机制应基于现有的安全技术和标准，同时结合物联网的特性和需求进行优化。

物联网协议安全受互联网的通信技术、端到端加密和认证、安全协议和工作机制等多方面的因素影响。在实际应用中，需要针对具体的业务需求和网络环境，制定符合实际情况的安全策略，并不断跟进最新的安全技术和标准，及时调整安全策略，以适应不断变化的网络环境。

1. 数据传输加密技术

数据传输加密技术包括对称加密、非对称加密、哈希算法等。对称加密使用相同的密钥进行加密和解密，常见的算法有 DES 和 AES。非对称加密则利用公钥和私钥进行加密和解密，常见的算法有 RSA 和 DSA。哈希算法可将任意长度消息转化为固定长度的摘要，用于验证数据完整性。这三种加密技术各有特点，共同保障了数据安全与完整性。

2. 设备认证与身份验证

（1）数字证书。数字证书是一种电子文件，用于证明个体、组织或服务器的身份，同时用于加密通信。数字证书包括公钥、持有者信息、数字签名等，由可信的证书颁发机构签发。

（2）令牌。令牌是用于身份验证的凭证，可以是硬件设备、智能卡或软件生成的令牌。在物联网中，令牌可以用于设备的身份验证和访问控制。

（3）密钥交换协议。密钥交换协议能保障在通信双方之间安全地交换密钥，以便进行加密通信。常见的密钥交换协议包括迪菲－赫尔曼（Diffie-Hellman）密钥交换协议等。

3. 访问控制

（1）基于角色的访问控制。基于角色的访问控制是通过定义角色，将权限分配给角色，然后用户被分配到适当的角色上来管理访问。这种模型优化了权限管理并提高了安全性。

（2）基于策略的访问控制。基于策略的访问控制是基于对属性和条件的评估来控制对资源的访问。这种模型允许更灵活的访问控制，并可以根据多个条件进行决策。

以上内容覆盖物联网协议安全相关技术，从数据传输加密到设备认证与身份验证，再到访问控制的各种机制，能够有效指导相关人员在物联网安全技术开发中的实际操作。

（三）物联网协议安全策略

物联网协议主要包括以下安全策略。

1. 加密和认证

对传输的数据进行加密，以确保数据的机密性和完整性，同时对设备或用户进行认证，确保只有授权的用户或设备才能访问数据。

2. 访问控制

实施严格的访问控制策略，防止未经授权的访问和恶意攻击。例如，对物联网设备访问、数据读取和修改等，都需要进行身份验证和授权管理。

3. 防火墙和入侵检测系统

设置防火墙和入侵检测系统，以防止恶意攻击和未经授权的访问。防火墙可以控制网络流量，只允许授权的数据通过，而入侵检测系统可以实时监控网络流量，发现异常行为并及时报警。

4. 数据备份和恢复

定期备份数据，以防止数据损坏和丢失，同时具有数据恢复功能，以便在发生安全事件时能够快速恢复数据。

5. 安全审计和日志

实施安全审计和日志记录机制，以监控网络流量和用户行为，发现异常行为和潜在的安全威胁。

这些安全策略可以单独或组合使用，以保护物联网设备和数据的安全。然而，由于物联网设备的多样性和复杂性，需要针对具体的业务需求和网络环境，制定符合实际情况的安全策略。同时，需要不断跟进最新的安全技术和标准，及时优化安全策略，以适应不断变化的网络环境。

二、物联网协议安全策略设计

（一）MQTT 协议的安全策略

以 MQTT 协议为例，在设计 MQTT 传输内容安全策略时，需要考虑数据的保密性、完整性和可用性。

1. 使用加密协议保护通信

MQTT 通信可以使用 SSL/TLS 协议来实现加密和认证功能，确保通信链路的保密性和完整性。通常，建立连接时对服务器的身份进行验证，并使用数字证书对通信过程中的数据进行加密和解密。SSL/TLS 协议使用公钥 / 私钥加密技术，通过密钥交换和会话密钥的生成确保通信的安全性。

2. 身份认证和授权

MQTT 通信中设备、用户的身份认证和授权是非常重要的一环。常见的身份认证方式如下。

（1）基于用户名和密码的认证。用户提供用户名和密码进行身份验证。通常使用哈希算法对密码进行加密存储，验证时对比哈希值。

（2）基于令牌的认证。用户在认证服务器上获取一个令牌，然后将令牌作为身份凭证发送给服务端。服务端校验令牌的有效性来进行认证。

（3）基于公钥 / 私钥的认证。基于加密算法，使用公钥和私钥对身份进行验证。用户通过私钥签名数据，服务端使用相应的公钥验证签名的有效性。

3. 消息完整性验证

为确保消息在传输过程中未被篡改，可以使用消息认证码或数字签名等技术对消息的完整性进行验证。发布消息时，设备可以使用密钥对消息进行加密并生成 MAC 或签名，并将其附加到消息中。接收端使用相同的密钥对接收到的消息进行解密和验证，以确保消息的完整性和真实性。

4. 安全日志和监控

记录和监控 MQTT 通信的安全事件非常重要。这包括连接事件、认证操作、授权操作以及消息发布和订阅等操作。通过安全日志和监控，可以及时检测潜在的安全威胁，并采取安全措施，如检测异常连接、认证失败、未经授权的访问尝试等，并及时触发警报和响应机制。

（二）MQTT 协议安全策略的程序实现

1. 使用加密协议保护通信

使用 libmosquitto 库编写的基础 MQTT 客户端程序，用于连接到 MQTT 服务器，并在订阅 / 发布消息过程中设置 TLS/SSL 选项，用于加密通信。代码如下：

```
// 设置 TLS/SSL 选项
mosquitto_tls_set(mosq, "mqtt_cert.pem", NULL, NULL, NULL, NULL);
// 连接到 MQTT 服务器
int rc = mosquitto_connect(mosq, "mqtt.example.com", 8883, 60);
if (rc != MOSQ_ERR_SUCCESS) {
   fprintf(stderr, " 连接到 MQTT 服务器失败：%s\n", mosquitto_strerror(rc));
   return 1;
}
```

```
// 进入消息循环
mosquitto_loop_forever(mosq, -1, 1);
```

其中 mosquitto_tls_set( ) 函数设置了 TLS/SSL 选项，用于加密通信。mqtt_cert.pem 为证书文件。mosquitto_connect( ) 函数用于连接到 MQTT 服务器，服务器地址为“mqtt.example.com”，端口为 8883，超时 60 s。使用 mosquitto_loop_forever( ) 函数进入 libmosquitto 的消息循环，以保持与 MQTT 服务器的连接，并执行接收和发送消息的操作。

2. 身份认证和授权

MQTT 客户端连接到 MQTT 服务器时，需要进行身份认证，确保客户端与服务器通信时是经过授权的。代码如下：

```
void on_connect(struct mosquitto *mosq, void *userdata, int result)
{
  if (result == 0) {
    printf(" 连接成功，开始认证 \n");
    mosquitto_username_pw_set(mosq, "username", "password");
  }
}
// 设置连接回调函数
mosquitto_connect_callback_set(mosq, on_connect);
// 连接到 MQTT 服务器
int rc = mosquitto_connect(mosq, "mqtt.example.com", 1883, 60);
if (rc != MOSQ_ERR_SUCCESS) {
  fprintf(stderr, " 连接到 MQTT 服务器失败：%s\n", mosquitto_strerror(rc));
  return 1;
}
```

```
// 进入消息循环
mosquitto_loop_forever(mosq, -1, 1);
```

on_connect( ) 函数是一个自定义的回调函数，当 MQTT 客户端成功连接到服务器时将被调用。当连接成功时，会打印“连接成功，开始认证”的提示，并调用 mosquitto_username_pw_set( ) 函数设置用户名和密码进行身份认证。mosquitto_connect_callback_set( ) 函数用于将连接回调函数设置为 on_connect，当客户端连接成功时，on_connect( ) 函数将被调用。mosquitto_connect( ) 函数用于连接到 MQTT 服务器，服务器地址为“mqtt.example.com”，端口为 1883，超时 60 s。

3. 消息完整性验证

当 MQTT 客户端程序订阅主题消息时，从该主题接收到消息后，对消息进行处理和验证。以下是一个 MQTT 消息回调函数的定义。当 MQTT 客户端收到消息时，此函数将被触发。代码如下：

```
void on_message(struct mosquitto *mosq, void *userdata, const struct mosquitto_message *message)
{
    char* received_message = (char*)message->payload;
    char* received_mac = strrchr(message->topic, '/') + 1;
    char* secret_key = "my_secret_key";
    // 验证消息完整性
    char calculated_mac[64]; // 假设 MAC 长度为 64
    // 计算消息的 MAC 或签名
    calculate_mac(received_message, secret_key, calculated_mac); // 自定义计算 MAC 的函数，将结果存储在 calculated_mac 中
    // 比较计算出的 MAC 或签名与接收到的 MAC 或签名
    if (strcmp(calculated_mac, received_mac) == 0) {
        // MAC 验证通过，执行相应的操作
```

```
        process_message(received_message);
    } else {
        // MAC 验证未通过，可以记录日志或执行其他操作
        printf("Received message with invalid MAC\n");
    }
}
```

第二节　数据加密封装及解析解密

考核知识点及能力要求：

- 了解常见的加密算法。
- 了解密钥管理和更新相关知识。
- 掌握数据加密封装过程。
- 掌握数据解析解密过程。

一、数据的加密和解密

协议数据的加密封装和解析解密是物联网协议安全开发流程中的关键环节之一。通过使用加密算法，可以确保协议数据的机密性和完整性。

（一）加密算法介绍

加密算法是信息安全领域的核心技术之一，用于保护数据的机密性、完整性和可

用性。选择加密算法时，需要综合考虑安全性、性能和资源消耗等因素。对称加密算法（如 DES 算法和 AES 算法）适用于大量数据加密，其中 AES 算法最常用，具有高安全性和可靠性；非对称加密算法（如 RSA 算法和 ECC 算法）则常用于身份验证和密钥交换，其中 ECC 算法具有较短的密钥长度和良好的加密性能。消息摘要算法用于验证数据完整性，数字签名算法用于验证数据来源和完整性。密钥管理和分发在物联网协议安全开发中至关重要，需要确保密钥安全性。

（二）加密算法的原理

随着现代计算机的诞生，密码技术也发生了巨大变化，不仅更复杂，而且出现了全新的密码技术。下面以经典的对称加密技术为例，对相关技术原理和概念进行介绍。

1. 对称加密基本术语

（1）明文（plaintext）即未加密前的消息或数据。

（2）密文（ciphertext）即明文经过加密后的结果。如果明文是可读的消息，密文则不可读。密文既与明文有关，也与密钥有关。对于给定的消息，不同的密钥将会产生不同的密文。

（3）加密（encryption）即把明文变换成密文的过程。

（4）解密（decryption）即从密文恢复成明文的过程。

（5）密钥（secret key）即加密和解密时使用的秘密信息。加密 / 解密算法执行精确的替换和变换操作依赖于密钥。

（6）加密算法是在密钥的参与下，对明文执行各种替换和变换操作，将明文转换成密文。

（7）解密算法本质上是加密算法的逆运算。在密钥参与下，解密算法将密文转换成明文。

对称加密的简化模型如图 7–1 所示。

2. 对称加密算法介绍

使用最广泛的对称加密算法是块密码（block cipher）。块密码以定长的块处理输入的明文，对每一个明文块会产生一个等长的密文块。它将较长的明文

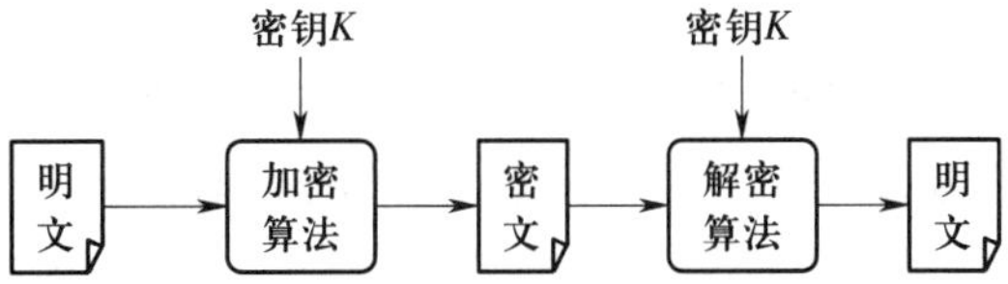

图 7–1 对称加密的简化模型

划分为一系列定长的块。常见的对称加密算法包括数据加密标准算法、三重数据加密标准算法和高级加密标准算法，都使用块密码进行加密。

（1）数据加密标准算法。数据加密标准（data encryption standard，DES）算法采用 64 bit 的明文块和 56 bit 的密钥，较长的明文被分成多个 64 bit 的明文块；对每一个明文块进行同样的处理，产生一个 64 bit 的密文块，如图 7–2 所示。这个处理包括 16 轮相似的操作。由最初的 56 bit 密钥产生 16 个子密钥，用在每一轮操作中。

对于每一个明文块，首先需要进行“初始换位”，即按照确定的规则对 64 bit 二进制数进行重新排序，然后分成等长的两部分（L_0 和 R_0）。这两部分数据经过 16 轮相似的操作后组合成密文块。对这个密文块进行“逆初始换位”后，就得到明文块加密后的密文块。

第 i 轮操作的输入 L_{i-1} 和 R_{i-1} 来自上轮操作的输出。每轮操作都是相似的。当前数据的右半部分和对应的子密钥作为轮函数 f 的输入，轮函数 f 的输出与当前数据的左半部分进行异或运算，其结果作为下一轮数据的右半部分，当前数据的右半部分直接作为下一轮的左半部分。

DES 算法中的轮函数 f 比较复杂，包括数据扩展、压缩、替代等。

DES 算法的解密过程本质上和加密过程是一样的。首先将密文作为 DES 算法的输入，只是逆序使用子密钥 K_i。也就是说，K_{16} 用于第 1 轮，K_{15} 用于第 2 轮，……，直到 K_1 用于第 16 轮即最后一轮。

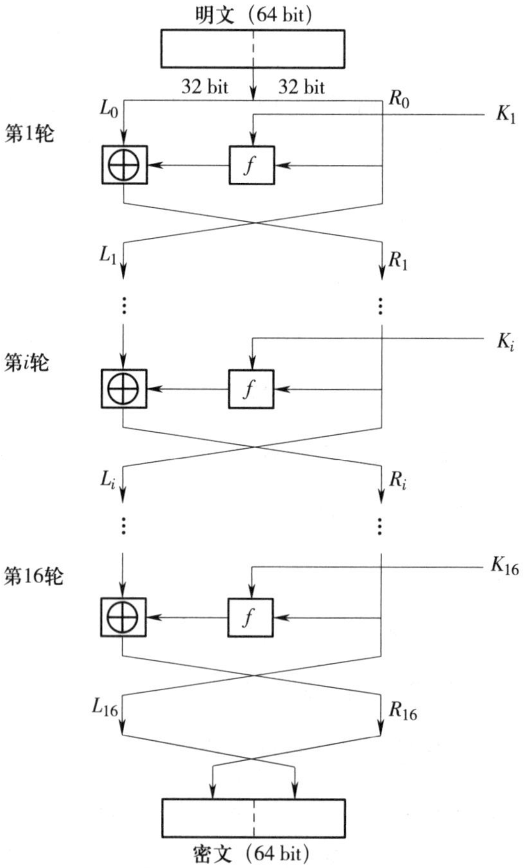

图 7–2　DES 算法加密的轮算

由于 DES 算法使用的是 56 bit 密钥，因此存在可以通过大量计算获取必要的可能；56 bit 密钥共有 2^{56} 种可能，大约有 7.2×10^6 个密钥，考虑到当前计算机的计算速度的提升，通过长时间计算，从理论上是可以被破解的。

（2）三重数据加密标准算法。三重数据加密标准（triple data encryption standard，3DES）算法的使用延长了 DES 算法的生命。3DES 算法即使用 2 个或 3 个不同的密钥，重复执行 3 次基本的 DES 算法。这使得 3DES 算法的密长度达到了 112 bit 或 168 bit。为了与早期的 DES 算法兼容，3DES 算法加密时采用加密—解密—加密的顺序，解密时正好相反，如图 7–3 所示。

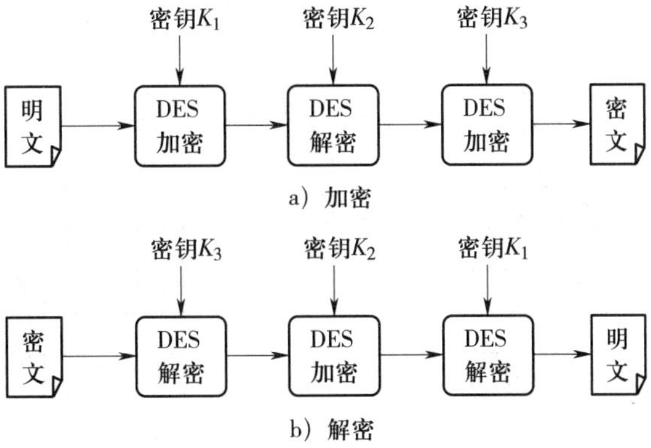

图 7–3　3DES 算法的加密和解密

3DES 算法有两个优点。首先，它的密钥长度可达 168 bit，能够解决 DES 算法所面临的蛮力攻击问题。其次，3DES 算法底层的加密算法与 DES 算法是一样的，该算法在较长时间内受到比任何其他加密算法都更严格的审查，并且除蛮力攻击外，没有发现有效的密码分析攻击。因此，3DES 算法能够有效抵御密码分析攻击。

3DES 算法的主要缺点是其软件实现速度较慢。最初的 DES 算法是为 20 世纪 70 年代的硬件实现设计的，因此不适合产生高效的软件代码。3DES 算法因为需要进行 3 遍和 DES 算法一样的计算，所以其速度比较慢。3DES 算法的另一个缺点是它使用和 DES 算法一样 64 bit 的块，块长度较短，效率和安全性一般。

（3）高级加密标准算法。高级加密标准（advanced encryption standard，AES）算法有与 3DES 算法相当或更高的安全强度，以及显著提高的效率。AES 算法是块长度为 128 bit 的对称块密码，并支持 128 bit、192 bit 和 256 bit 的密钥长度。AES 算法广泛用于商业产品中。

AES 算法并没有采用与 DES 算法类似的结构，其加密过程采用了如图 7–4 所示的结构。AES 算法加密过程有 4 个基本操作：字节替换、行移位、列混合和轮密钥加。在 AES 标准中，128 bit 的明文块被描述为字节矩阵。每一个基本操作都在矩阵上进行。同样的，密钥也被描述为字节矩阵。两类矩阵中的字节都按列排序。比如，对于 128 bit 的明文块，其前 4 Byte 占据矩阵的第 1 列，接着的 4 Byte 占据矩阵的第 2 列，依次类推。密钥 *K* 被扩展为一系列密钥字，每个密钥字有 4 Byte；如果是 128 bit 密钥，则被扩展成 44 个密钥字。图 7–4 中的 *w*[0，3]、*w*[4，7] 等就是密钥字。

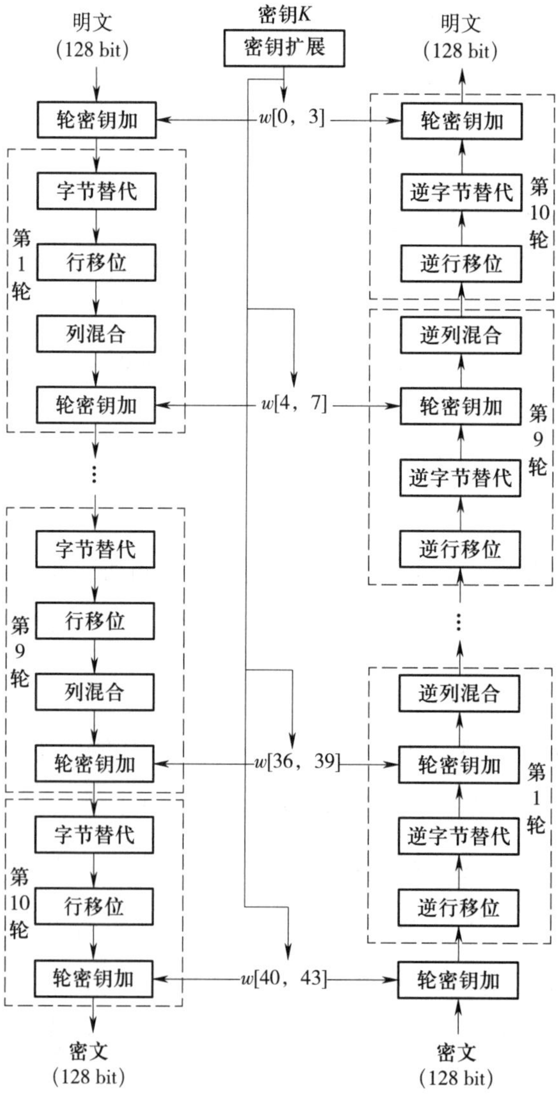

图 7–4　AES 算法加密过程

（三）加密封装过程介绍

协议数据的加密封装过程包括以下几个步骤。

1. 序列化过程

将协议数据进行序列化，将其转换为字节数组表示。这需要根据协议规范和数据结构，将协议数据按照一定的格式编码转换为字节数组。代码如下：

```
void serializeProtocolData(const char *protocolData, unsigned char *serializedData,
int *serializedDataLen) {
    strcpy((char *)serializedData, protocolData);
    *serializedDataLen = strlen(protocolData);
}
```

2. 生成随机数

生成随机数作为初始向量（initialization vector，IV）或盐值。初始向量或盐值用于提高加密强度和安全性，应该是随机生成的，并与每个数据包一起传输。初始向量是加密算法中用于提高加密强度和安全性的随机值。它在加密过程中与密钥一起使用，以确保相同的明文在不同的加密实例中产生不同的密文。盐值是用于提高哈希函数安全性的随机数据。它与密码一起使用，通过附加随机数据到密码中，使相同的密码在不同实例中产生不同的哈希值，提高破解密码的难度。代码如下：

```
#define IV_SIZE 16 // 初始向量大小，根据加密算法而定
#define SALT_SIZE 16 // 盐值大小，根据需要设定
// 生成随机数作为初始向量
void generateIV(unsigned char *iv) {
    RAND_bytes(iv, IV_SIZE);
}
// 生成随机数作为盐值
```

```
void generateSalt(unsigned char *salt) {
    RAND_bytes(salt, SALT_SIZE);
}
```

3. 加密函数

使用选择的加密算法和密钥，对序列化后的字节数组进行加密处理。加密操作包括密钥扩展、分组加密和填充等步骤，这些步骤可以通过具体的加密算法加以实现。代码如下：

```
void encryptData(const unsigned char *plainData, int plainDataLen, unsigned char *encryptedData, int *encryptedDataLen, const unsigned char *key, const unsigned char *iv) {
    AES_KEY aesKey;
    AES_set_encrypt_key(key, AES_KEY_SIZE, &aesKey);
    int numBlocks = plainDataLen / AES_BLOCK_SIZE + (plainDataLen % AES_BLOCK_SIZE ? 1 : 0); // 计算加密块数
    *encryptedDataLen = numBlocks * AES_BLOCK_SIZE; // 计算加密后数据的长度
    // 使用 AES 算法对数据进行加密
    AES_cbc_encrypt(plainData, encryptedData, plainDataLen, &aesKey, iv, AES_ENCRYPT);
}
```

4. 执行过程

对一个字符串数据进行加密封装的具体执行过程如下：

```
// 假设协议数据为一个字符串
const char *protocolData = "This is the protocol data to be encrypted.";
int protocolDataLen = strlen(protocolData);
```

```
    // 生成随机的密钥（256 位，即 32 字节）
    unsigned char key[AES_KEY_SIZE / 8]; // AES_KEY_SIZE 为位数，除以 8 得到字节数
    RAND_bytes(key, sizeof(key));
    // 生成随机的初始向量（IV）
    unsigned char iv[AES_IV_SIZE];
    RAND_bytes(iv, sizeof(iv));
    // 加密后的数据和长度
    unsigned char *encryptedData = (unsigned char *)malloc(protocolDataLen + AES_BLOCK_SIZE); // 加密后的数据长度可能会略长于原数据
    int encryptedDataLen;
    // 执行加密操作
    encryptData((unsigned char *)protocolData, protocolDataLen, encryptedData, &encryptedDataLen, key, iv);
    // 输出加密后的数据
    printf("Encrypted data:\n");
    for (int i = 0; i < encryptedDataLen; ++i) {
        printf("%02X ", encryptedData[i]);
    }
    printf("\n");
```

执行过程中设置字符串 protocolData 作为要加密的协议数据，然后生成一个随机的密钥 key，密钥长度为 AES_KEY_SIZE（256 位），并使用 RAND_bytes( ) 函数生成随机字节序列作为密钥，分配内存以存储加密后的数据。因为 AES 加密后的数据长度可能会略长于原始数据，所以这里分配的内存大小为 protocolDataLen + AES_BLOCK_SIZE。最后调用 encryptData( ) 函数进行加密。该函数将原始数据、密钥、初始向量作为参数，并将加密后的数据存储在 encryptedData 中，同时更新 encryptedDataLen 来记录加密后数据的

长度。加密后的数据即为密文，它需要与初始向量一起传输给接收方，以便接收方能够使用相同的密钥解密。

需要注意的是，加密封装过程中需要确保密钥的安全性，采取合理的密钥管理策略。密钥的安全存储、分发和更新等问题需要仔细考虑和处理。

（四）解析解密过程

协议数据的解析解密过程与加密封装过程相对应，是将加密后的数据解密为原始协议数据的过程。

首先，接收方获取加密的数据和初始向量。

其次，使用与发送方相同的加密算法和密钥，对加密的数据进行解密。解密操作包括密钥扩展、分组解密和填充处理等步骤，与加密过程相对应。

最后，将解密后的字节数组重新转换为原始的协议数据格式。这需要根据协议规范和数据结构，按照相应格式进行反序列化操作。

解析解密过程中也要注意密钥的安全性和密钥管理策略。确保解密密钥的安全存储和正确分发是保证解析解密过程正常运行的重要环节。解析解密过程的代码如下：

```
void decryptData(const unsigned char *encryptedData, int encryptedDataLength,
const unsigned char *key, const unsigned char *iv) {
    AES_KEY aesKey;
    AES_set_decrypt_key(key, 128, &aesKey);
    unsigned char decryptedData[encryptedDataLength];
    AES_cbc_encrypt(encryptedData, decryptedData, encryptedDataLength, &aesKey,
iv, AES_DECRYPT);
    printf(" 解密后的数据：%s\n", decryptedData);
}
```

在 decryptData( ) 函数中，调用 AES_set_decrypt_key( ) 函数设置解密所需的密钥。创建一个与加密数据长度相同的数组 decryptedData，用于存储解密后的数据。调用

AES_cbc_encrypt 函数进行解密操作，使用之前设置的解密密钥和初始向量对加密数据进行解密，并将解密结果存储在 decryptedData 数组中。

在解密后的数据处理操作中，可以根据实际需求对解密后的数据进行相应处理，如将字节数组转换为字符串、解析协议格式等。

（五）密钥管理和更新

在物联网协议安全开发流程中，密钥管理和更新是保证协议安全的重要策略之一。定期更换使用的密钥，无论是对称密钥还是非对称密钥，可以降低密钥被破解的风险，提高协议数据的安全性。密钥的分发和更新协议需要确保密钥在通信双方之间安全地进行分发和更新，通过非对称加密算法，使用接收方的公钥对密钥进行加密，确保只有接收方才能解密获得密钥。

此外，选择足够长且复杂的密钥也是一种重要策略。密钥的长度和复杂性直接影响加密算法的强度和安全性，应根据需求选择适当的密钥长度。同时，需要对密钥进行安全存储和保护。在物联网设备中，密钥可能存储在硬件安全模块（hardware security module，HSM）中，或者使用密码学安全库进行保护，防止密钥泄露和非法访问。

二、物联网协议安全开发流程

（一）协议安全开发流程概述

协议安全开发流程主要包括以下几个步骤。

1. 需求分析和风险评估

在需求分析和风险评估阶段，需要明确物联网系统的功能需求和安全需求，包括认证、授权、加密等方面。同时，进行风险评估，识别潜在的安全威胁和漏洞，并制定相应的防护策略。通过分析需求和评估风险，可以为后续步骤提供指导。

2. 协议设计

在协议设计阶段，根据需求分析的结果，设计物联网协议的安全机制，主要包括认证、加密、访问控制等方面。同时，需要选择合适的安全协议和算法，以确保数据的机密性、完整性和可用性。设计过程应考虑协议的灵活性、扩展性、兼容性等因素。

3. 实现和集成

在实现和集成阶段，需要基于协议设计，实现协议的安全功能。这一步骤涉及编码和开发工作，目标是将设计好的协议安全机制转化为可执行的代码。同时，进行集成测试，确保协议的安全机制能够正常工作。

4. 安全评估和审计

在安全评估和审计阶段，对实现的协议进行测试和检查，以验证协议的安全性和鲁棒性。可以使用安全扫描、模糊测试、安全代码审计等方法进行评估。此外，还需要定期进行安全审计，检查协议的运行状态和安全事件，及时发现和解决潜在的安全问题。

5. 安全漏洞修复和协议版本更新

如果在安全评估和审计中发现安全漏洞，就需要及时修复并发布安全补丁或进行固件更新。此外，定期进行协议版本更新也很重要，以便解决已知的安全问题。

6. 培训和增强安全意识

对开发人员、运维人员和系统用户进行安全培训，增强其物联网协议安全意识。安全培训有助于构建安全意识强化的团队和用户群体，掌握密码管理、数据备份和恢复等方面的操作方法。

通过以上的协议安全开发流程，可以确保物联网协议在设计、实现和使用过程中具备较强的安全性和鲁棒性，采取可靠的安全措施，从而确保物联网系统和数据的安全。

在实际应用中，可以根据具体项目需求和安全要求进行细化和扩展，确保物联网系统的安全性和可靠性。同时，需要定期进行安全风险评估和安全策略更新，以应对安全威胁。

（二）基于 AES 算法的加解密技术应用

以校园一卡通系统中对学生身份认证信息加密传输为例，使用 OpenSSL 库进行 AES 加密和解密操作，介绍如何将 AES 技术应用在物联网安全领域，实现学生身份信息及使用信息等数据安全保护。

下面对代码中核心部分进行说明。

生成 AES 密钥，代码如下：

```
// AES 密钥，需要保密存储
unsigned char aes_key[AES_BLOCK_SIZE] = "0123456789abcdef"; // 128 位密钥 //
```

定义相关结构体，代码如下：

```
// 学生信息结构体
typedef struct {
    char name[50];
    char id[20];
} Student;
// 消费记录结构体
typedef struct {
    char date[20];
    float amount;
} Record;
```

加密函数 aes_encrypt( ) 包括 3 个参数：*in 表示待加密的数据，以字节流形式表示；in_len 表示待加密数据的长度；*ou 表示 t 加密后的数据，以字节流形式输出。代码如下：

```
// 加密函数
void aes_encrypt(unsigned char *in, int in_len, unsigned char *out) {
    AES_KEY key;
    AES_set_encrypt_key(aes_key, AES_KEY_SIZE, &key);
    AES_encrypt(in, out, &key);
}
```

函数中创建一个 AES_KEY 结构体对象 key，用于存储 AES 加密所需的密钥信息。调用 AES_set_encrypt_key 函数，将指定的 AES 密钥 aes_key 和密钥大小 AES_KEY_SIZE 设置到 key 中。调用 AES_encrypt 函数，对待加密的数据进行加密，并将结果存储到 out 指针中。

解密函数 aes_decrypt( ) 与加密函数相对应，同样包括 3 个参数。利用 AES 密钥 aes_key，将待解密的数据进行解密，结果存储到 out 指针中。代码如下：

```
// 解密函数
void aes_decrypt(unsigned char *in, int in_len, unsigned char *out) {
    AES_KEY key;
    AES_set_decrypt_key(aes_key, AES_KEY_SIZE, &key);
    AES_decrypt(in, out, &key);
}
```

学生身份认证函数 authenticate( ) 用于从用户那里获取学生的身份信息，并将这些信息格式化为认证数据，以便后续的身份验证过程。代码如下：

```
int authenticate(Student *student, unsigned char *auth_data) {
    printf("Enter student name: ");
    fgets(student->name, sizeof(student->name), stdin);
    printf("Enter student ID: ");
    fgets(student->id, sizeof(student->id), stdin);
    // 将学生信息转换为认证数据
    sprintf(auth_data, "%s %s", student->name, student->id);
        printf("Authentication data generated.\n");
    return 1;}
```

authenticate ( ) 函数有两个参数，一个是 student 结构体的指针 student，另一个是数组 auth_data，用于存储认证数据。首先要求用户输入学生姓名和学生 ID，然后将它们存储到 student 结构体中的 name 和 ID 成员中。最后使用 sprintf 函数将学生姓名和学生 ID 格式化为一个字符串，并存储到 auth_data 数组中。这个字符串后续用于身份认证。

认证过程代码如下：

```
// 学生身份认证
  if (authenticate(&student, auth_data)) {
    // 加密认证数据并发送
    unsigned char encrypted_auth[AES_BLOCK_SIZE];
    aes_encrypt(auth_data, strlen(auth_data), encrypted_auth);
    printf("Encrypted Authentication Data: ");
    for (int i = 0; i < AES_BLOCK_SIZE; ++i) {
      printf("%02x ", encrypted_auth[i]);
    }
    printf("\n");
  }
```

通过调用 authenticate( ) 函数进行学生身份认证。如果认证成功，返回值为真（非零），则执行下面的加密数据查询操作。数组 encrypted_auth 声明了一个长度为 AES_BLOCK_SIZE 的数据，用于存储加密后的认证数据。然后调用 aes_encrypt( ) 函数，对认证数据 auth_data 进行 AES 加密，并将结果存储在 encrypted_auth 数组中。最后可以打印查询加密后的认证数据查看加密结果，可以将加密的学生身份信息发送给服务器或其他验证方。

思考题

1. 设备认证与身份验证有哪几种方式？
2. MQTT 协议的安全策略的设计方案包括哪些内容？
3. 协议数据的加密封装过程包括哪些步骤？

第三篇 物联网组网通信开发

相较于传统互联网主要实现人与人之间的信息交流，物联网技术的出现无疑打破了这一局限，将信息交互的范畴扩展至物与物之间。这一变革使众多智能设备能够相互沟通、协同作业，进而为人们提供更加智能、便捷的服务体验。物联网技术作为联结物理世界和信息世界的纽带，其组网通信技术尤为关键，承担数据流通的重要责任，如同人体中的血脉，保障数据顺畅传输，是实现设备间智能互动的核心环节。

物联网组网通信技术的独特之处在于其强大的连接能力。无论是智能家居设备、工业传感器，还是智能穿戴设备、智能交通系统，都能实现它们之间的无缝连接。同时，物联网组网通信技术也高度重视数据传输的效率和稳定性。通过精心优化网络协议和传输机制，能确保数据在各类设备间迅速、精准传递。

第八章
有线通信开发

物联网通信技术是连接各种智能设备、传感器和执行器的关键，是实现信息交互和远程控制的基石。根据传输介质的不同，物联网常见的通信技术分为有线通信技术和无线通信技术两大类。这两大类技术根据应用场景和技术特点，细分出众多不同的标准和协议。

有线通信技术是通过物理电缆或光纤等有线介质进行数据传输的技术。在物联网中，以太网是最常用的有线通信技术之一，以其高速、稳定、可靠的特点，广泛应用于各种需要大数据传输的场景。

- **职业功能：** 物联组网通信开发。
- **工作内容：** 有线通信开发。
- **专业能力要求：** 能运用应用层协议，实现数据包优先级处理；能运用传输层协议，实现数据包过滤；能运用物理层协议，实现多种网络拓扑的组网通信。
- **相关知识要求：** 数据包过滤原理；有线网络组网知识。

第一节　网络通信协议基础

考核知识点及能力要求：

- 了解 TCP/IP 协议分层模型。
- 了解数据在 TCP/IP 协议栈中的封装与解封过程。

一、TCP/IP 协议分层模型

TCP/IP 协议分层模型分为 TCP/IP 四层模型、TCP/IP 五层模型、OSI 七层模型三种，三种模型对应关系如图 8-1 所示，以 TCP/IP 五层模型为例，分别阐述各层协议的基础知识。

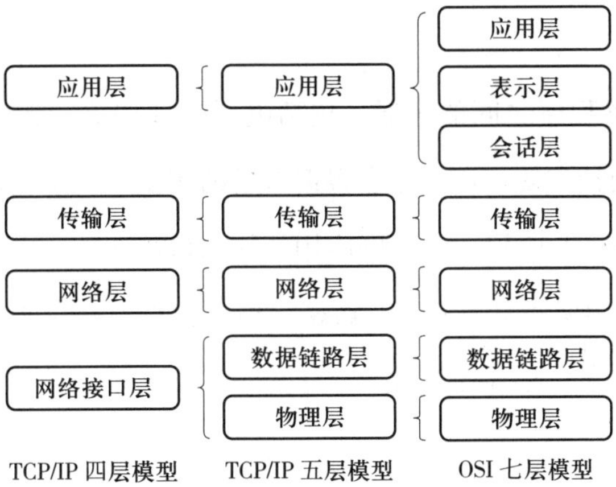

图 8–1　TCP/IP 协议分层模型对应关系

TCP/IP 协议在一定程度上参考了 OSI 模型的体系结构。OSI 模型共有七层，从下到上分别是物理层、数据链路层、网络层、传输层、会话层、表示层和应用层。在 TCP/IP 协议中，被简化为四个层次，加上物理层，就是 TCP/IP 协议五层模型，如图 8-2 所示。

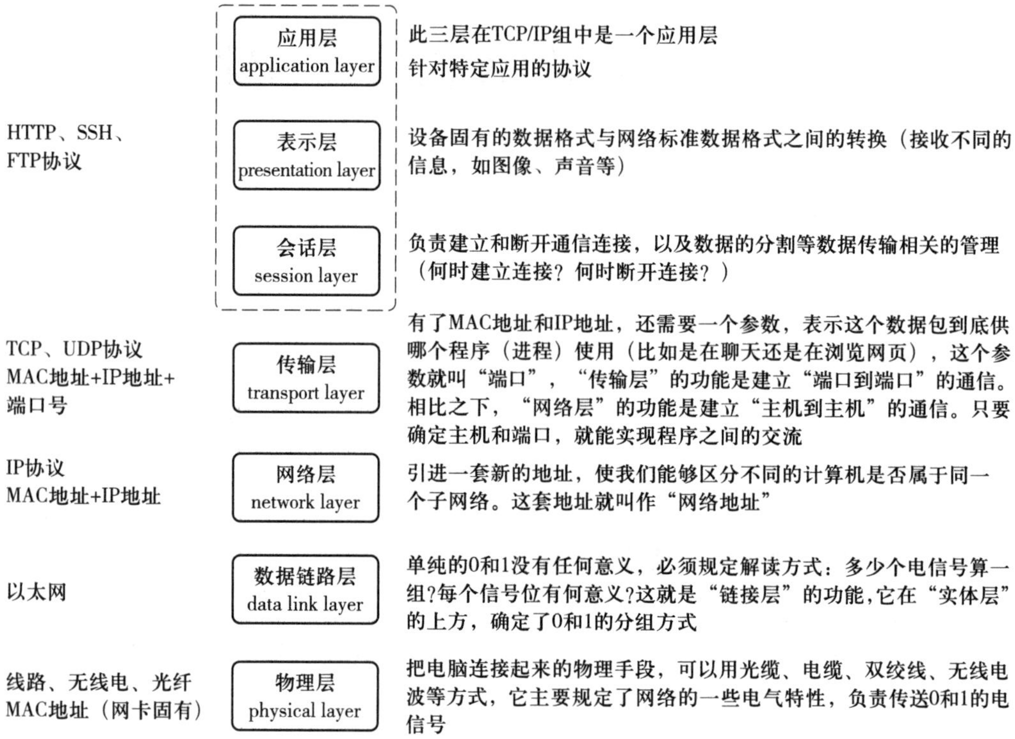

图 8-2　TCP/IP 协议五层模型

（一）应用层

应用层协议负责程序之间的沟通，包括电子邮件传输、文件传输协议、网络远程访问协议等。不同种类的应用程序会根据自己的需要来使用应用层的不同协议，如邮件传输应用使用 SMTP 协议、万维网应用使用 HTTP 协议、远程登录服务应用使用 TELNET 协议等。应用层还具有加密、解密、格式化数据等功能，可以建立或解除与其他节点的联系，充分节省网络资源。

（二）传输层

传输层负责两台主机之间的数据传输，该层将应用层从其他数据传输的各层中隔离出来，将数据转换成网络传输所需的格式，检测传输结果，并纠正传输错误。

（三）网络层

网络层负责地址管理和路由选择。例如，在 IP 协议中，通过 IP 地址来标识一台主机，并通过路由表的方式规划出两台主机之间数据传输的线路。

（四）数据链路层

数据链路层负责设备之间的数据帧的传送和识别，如网卡设备的驱动、帧同步、冲突检测、数据差错校验等工作。数据链路层常用标准包括以太网协议、令牌环网、无线局域网协议等。

（五）物理层

物理层负责光 / 电信号的传递方式，以太网通用的网线（双绞线）、早期以太网采用的同轴电缆、光纤使用电磁波等都属于物理层的概念。集线器同样也工作在物理层。物理层的能力决定最大传输速率、传输距离、抗干扰性等。

二、网络协议栈

在嵌入式 Linux 操作系统中，基于以太网的有线通信技术主要实现的是数据链路层、网络层和传输层通信过程。数据链路层协议依靠网卡驱动来实现，网络层和传输层协议依靠内核中的 TCP/IP 协议栈来实现。

（一）数据在 TCP/IP 协议栈封装过程

数据进入 TCP/IP 协议栈时的封装过程如图 8–3 所示。

数据进入 TCP/IP 协议栈时会经历封装过程，确保数据能够在网络中正确、高效传输。

1. 应用层

在应用层，用户数据（如文字、图片、视频等）被转换成二进制格式，这是电脑能够识别和处理的格式。这一层可能使用的协议包括 HTTP 协议、FTP 协议、SMTP 协议等，这些协议根据数据包类型将其封装成特定的应用层协议数据单元。

2. 传输层

数据传递到传输层后，被分割成段，并且每个数据段都被封装上 TCP 或 UDP 首部。首部包含网络中的关键信息，如端口号等，用于识别上层的应用程序或协议。

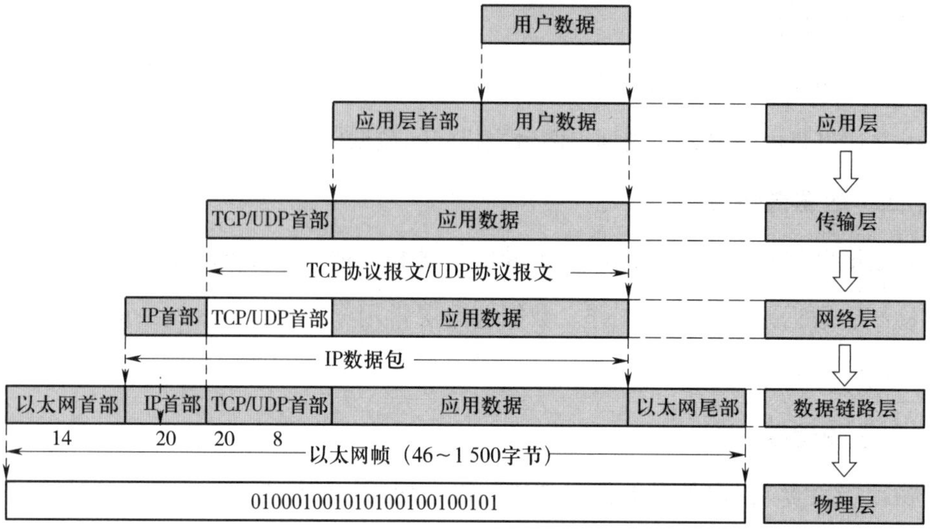

图 8-3　数据进入 TCP/IP 协议栈时的封装过程

3. 网络层

在传输层处理完数据后，数据被传递到网络层。在网络层中，数据被封装新的报文头部，即 IP 首部。IP 首部包含源 IP 地址和目标 IP 地址等重要信息，作为路由数据在网络中进行传输。

4. 数据链路层

数据被传递到数据链路层后，在以太网首部中数据被封装一个介质访问控制（medium access control，MAC）首部，其中包含唯一的 MAC 地址。MAC 首部确保数据能够被正确地发送到目标设备。

5. 物理层

封装好的数据以二进制电信号的形式在网络中传播。物理层负责将这些电信号转换成适合在物理介质上传输的形式。

总的来说，数据在 TCP/IP 协议栈中的封装过程是一个逐层添加头部信息的过程，这些信息确保数据能够在网络中正确、高效地传输到目标设备。每一层都负责添加特定的信息，以便在网络中的不同节点进行正确处理。

（二）数据在 TCP/IP 协议栈解封装过程

数据进入 TCP/IP 协议栈时的解封装过程如图 8-4 所示。

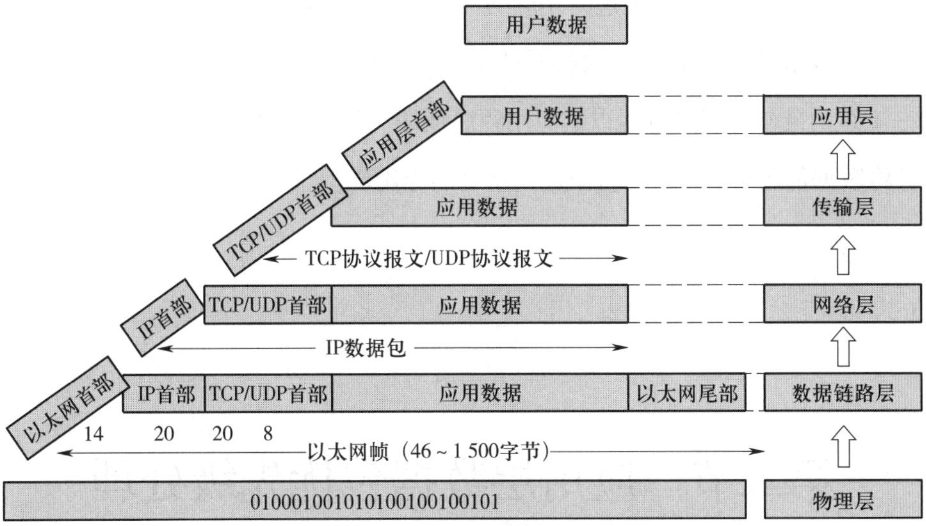

图 8–4　数据进入 TCP/IP 协议栈时的解封装过程

数据进入 TCP/IP 协议栈时的解封装过程是封装过程的逆操作。当数据包到达目的地时，将逐层剥离在封装过程中添加的各层协议信息，直至还原出原始的用户数据。解封装过程的基本步骤如下。

1. 物理层和数据链路层

数据包首先通过物理介质到达目标设备的物理层，然后被传递到数据链路层，数据包的以太网首部被解析和剥离，暴露出网络层的数据包。

2. 网络层

剥离数据链路层信息后，数据包进入网络层，IP 首部被解析和去除，从而得到传输层的数据段。IP 首部中的信息，如源 IP 地址和目标 IP 地址，在此过程中被读取并用于路由和数据包的重组。

3. 传输层

数据被传递到传输层后，TCP/UDP 首部会被解析和剥离，暴露应用层的数据。传输层协议根据首部中的信息（如端口号）确定将数据传递给哪个上层应用程序。

4. 应用层

数据最后到达应用层，特定的应用层协议会解析其协议数据，最终还原出原始的用户数据。这些数据随后被传递给相应的应用程序进行处理。

总之，数据进入 TCP/IP 协议栈时的解封装过程是一个逐层剥离协议信息的过程，目的是还原出最初的用户数据以供应用程序使用。每一层都负责处理其特定的协议信息，并将数据传递给上一层，直至达到最终的应用层。

第二节　应用层数据包优先级处理

考核知识点及能力要求：

- 了解应用层数据包优先级处理相关技术。
- 掌握应用层数据包优先级处理相关策略。

一、应用层数据包优先级处理介绍

（一）应用层数据包优先级处理概述

应用层数据包优先级处理是指在网络通信中，对在应用层传输的数据包进行优先级的划分和处理。这种优先级的设定是为了优化网络资源分配，确保重要的数据包能够更快、更可靠传输，从而提升网络整体性能。Linux 网络通信中的应用层数据包优先级处理，实际上涉及网络通信协议中对数据包的优先级标记和处理策略。

应用层数据包优先级处理的核心在于对网络流量进行精细化管理，通过分类、标记、队列管理、调度算法等手段，实现数据包高效传输。涉及对网络数据包进行深度分析，识别其类型、来源和重要性，然后为其分配相应的优先级。高优先级的数据包在网络设备中会得到优先处理，从而减少传输延迟，提高网络的整体性能。

（二）相关技术介绍

1. 应用层协议

应用层协议是计算机网络协议栈中最高层的协议，它定义了应用程序之间通信的规则。其中涉及数据包优先级处理的相关协议如下。

（1）HTTP/2 协议是 2015 年 IETF 工作组对 HTTP 协议的修订版。HTTP/2 协议通过引入流控制和优先级机制，显著提高了 Web 性能。在 HTTP/2 协议中，客户端可以为每个流明确地设置优先级，这样服务器就可以根据这些优先级来决定先发送哪些数据。这种机制对加载网页时优先加载重要资源特别有用。

（2）实时消息传输协议（real time messaging protocol，RTMP）主要用于流媒体传输。RTMP 协议也支持流优先级，以确保关键的数据流（如音频或视频）能够优先传输。

（3）快速 UDP 互联网连接（quick UDP internet connections，QUIC）是一种基于 UDP 协议的传输层协议，它旨在减少网络延迟并进行更可靠的传输。QUIC 协议通过其内部的流控制机制，支持数据包优先级的处理。

2. 数据包标记

数据包标记是指在数据包中添加特定的信息来标识其特性或优先级。IP 数据包中有一个优先级与服务类型（type of service，ToS）字段。这个字段可以被用来标记数据包的优先级和服务质量选项。网络路由器和交换机可以根据这个字段来做出转发决策。在应用层，开发者可以在数据包头部或元数据中添加自定义的优先级标记。这些标记可以被网络设备或中间件识别，并用于优先级调度。

3. 队列管理和调度算法

队列管理涉及如何组织和处理在网络设备或服务器上等待处理的数据包。调度算法决定了数据包的处理顺序。

4. 服务质量技术

服务质量（quality of service，QoS）技术是指网络在传输数据流时满足一系列服务要求的能力。QoS 技术包括带宽管理、流量整形、拥塞控制、拥塞避免等。QoS 技术确保高优先级的数据包在网络拥堵时仍能得到优先传输。例如，限制低优先级流量的带宽，可以确保高优先级流量得到足够的网络资源。

5. 深度包检测技术

深度包检测（deep packet inspection，DPI）技术是一种网络数据包过滤技术，可以检查数据包的有效载荷并据此做出决策。DPI 技术允许网络设备深入检查数据包的内容，如协议类型、应用程序标识等。基于这些信息，网络设备可以动态地分配数据包的优先级。例如，对于实时音视频流，DPI 技术可以识别并为其分配更高的优先级。

二、应用层数据包优先级处理的策略

应用层数据包优先级处理是网络优化和服务质量保障的重要手段。合理设置数据包处理的优先级，可以确保关键业务数据的及时传输，提升网络的可靠性和服务质量。同时，这也需要网络设备和软件的支持，以及合理的网络安全策略来防止滥用和攻击。在网络通信日益复杂的今天，应用层数据包处理优先级的策略变得越来越重要。

应用层数据包优先级处理的策略主要包括以下几个方面。

（一）数据包分类

1. 基于内容分类

深度包检测技术不仅检查数据包的网络层和传输层信息（如 IP 地址、端口号等），而且深入检查数据包的应用层内容。这允许网络设备更精确地识别数据包所属的应用类型、内容或特定特征。通过深度包检测技术识别数据包的应用类型、内容或特征，然后将其分类到不同的优先级队列中。

在深度包检测技术工作过程中，DPI 系统需要捕获流经网络设备的数据包，然后对每个数据包进行深度解析，包括对数据包的有效载荷进行详细的检查和分析。DPI 系统通常有一个特征库，其中包含各种应用和协议的特征。解析后的数据包内容与这个特征库进行匹配，以确定数据包所属的应用类型或内容。一旦识别出数据包的应用类型或内容，DPI 系统就可以根据预设的规则对其进行分类，并将其放入相应的优先级队列中。

与仅基于端口号或协议的传统识别方法相比，DPI 技术提供了更精确的流量识别能力，网络管理员可以根据应用类型或内容制定更精细的流量管理策略。

网络管理员可以使用 DPI 技术来优化网络性能。在通信过程中，网络管理员通过 DPI 技术对不同类型通信数据包设置优先级。当网络拥堵时，DPI 系统可以实现流量管理。可以确保高优先级的数据包得到优先传输，从而保证通信顺畅进行。而低优先级的数据包则可能在网络拥堵时受到一定的限制。通过 DPI 技术的精细管理，企业可以确保关键业务的网络性能，同时不影响其他非关键业务的正常进行。

2. 基于源 / 目的地址分类

基于源 / 目的地址分类是一种网络数据包分类方法，它依赖于数据包中的源或目的 IP 地址、端口号等标识信息来进行分类。这种分类方法通常为特定的应用或服务提供优先级处理，从而优化网络资源分配和提高关键应用的性能。根据数据包的源或目的 IP 地址、端口号等信息进行分类，以便对特定应用或服务进行优先级处理。

网络设备首先捕获流经的数据包。设备检查数据包头中的源 IP 地址、目的 IP 地址、源端口和目的端口，进行地址解析。然后根据预设的分类规则，设备将数据包分类到不同的流或类别中。这些规则可能基于特定的 IP 地址范围、端口号或二者的组合。一旦数据包被分类，就可以根据分类为其分配不同的优先级。

与 DPI 相比，基于地址和端口的分类通常计算成本更低、更简单、更高效。该项技术可以轻松地通过修改规则来添加、删除或修改特定地址或端口的优先级，易于管理。如果应用使用了动态端口或非标准端口，则这种分类方法可能不够准确。对于加密的流量，仅基于地址和端口的分类可能无法准确识别应用类型。

该项数据包处理优先级方法能够实现网络管理员根据不同的 IP 地址范围设置优先级，保障重要部门的通信。在网络设备（如路由器或交换机）上，管理员配置规则，以便识别源或目的 IP 地址在某个范围内的数据包，并将其设置为高优先级。当网络出现拥堵时，网络设备将根据配置的规则，优先传输设置优先级相关的数据包，确保关键业务正常运行。

（二）数据包标记

数据包标记是网络流量管理中一项重要技术，用于指示数据包的优先级和服务质量需求。以下是两种数据包标记方法。

1. 使用差分服务代码点或 IEEE 802.1p 标记

（1）差分服务代码点。差分服务代码点（differentiated services code point，DSCP）是 IPv4 和 IPv6 包头中的一个字段，用于提供服务质量选项。它使用 6 比特表示不同的优先级和服务类别，可以定义 64 个不同的服务级别。网络设备（如路由器、交换机等）可以配置为识别这些 DSCP 值，并根据这些值来提供不同的服务。

（2）IEEE 802.1p 标记。IEEE 802.1p 是 IEEE 802.1Q 标准的一部分，用于在以太网帧中定义优先级。它使用一个 3 比特的优先级代码点，可以在一个虚拟局域网标记（virtual local area network，VLAN）的以太网帧中定义 8 个不同的优先级。3 比特的优先级代码点构成的 8 个比特组合可以是 000、001、010、011、100、101、110 和 111，每个组合代表一个优先级级别。网络管理员可以根据实际需求将这些级别分配给不同的应用或服务。

当数据包通过支持 IEEE 802.1Q 的交换机时，交换机可以根据优先级代码点（priority code point，PCP）的值进行处理。交换机会读取每个数据包中的 VLAN 标签，并特别关注其中的 PCP 字段。根据 PCP 值，交换机会将数据包放入相应的优先级队列中。

2. 在数据包首部或元数据中添加自定义的优先级标记

除了使用标准化的 DSCP 或 IEEE 802.1p 标记，还可以在数据包首部或相关的元数据中添加自定义的优先级标记。这种方法通常用于特定的网络环境，其中网络设备被配置为识别和尊重这些自定义标记。自定义标记可以进行更细粒度的控制，但需要网络中的设备支持这些标记，并进行相应配置。

（三）优先级队列和调度

在计算机网络中，为了实现对数据包的高效和有序处理，通常会设立不同的优先级队列，并采用相应的调度算法来决定数据包的处理顺序。对优先级队列和调度的说明如下。

1. 设立不同的优先级队列

网络设备（如路由器、交换机等）内部会设立多个优先级队列，这些队列通常根据数据包的优先级进行分类。例如，可以设立高优先级队列和低优先级队列。当数据包到达网络设备时，设备会检查数据包的优先级标记（如 DSCP 值、IEEE 802.1p 的 PCP 值等），然后根据这些标记将数据包放入相应的优先级队列中。

2. 使用调度算法决定处理顺序

一旦数据包被放入不同的优先级队列中，网络设备就需要使用调度算法来决定哪个队列中的数据包应该首先被处理。这里提到的调度算法包括优先级队列算法、加权轮询算法等。

（1）优先级队列算法。在这种算法中，网络设备会首先处理高优先级队列中的数据包。只有当高优先级队列为空或者达到某种处理限制时，设备才会转而处理低优先级队列中的数据包。这种算法能够确保关键业务或实时应用的数据包得到优先处理。

（2）加权轮询算法。这种算法更加灵活，它可以根据每个队列的权重来轮流处理不同队列中的数据包。权重可以根据实际需求进行设置，以反映不同队列的重要性和处理优先级。虽然这种算法可能不会像优先级队列算法那样严格按照优先级来处理数据包，但它可以在一定程度上平衡各个队列的处理需求，避免某些队列长时间得不到处理。

在实际应用中，网络设备可能会根据具体的业务需求和网络环境来选择合适的调度算法或结合使用多种算法，以取得最佳的处理效果。同时，这些调度算法也需要与网络设备的其他功能（如流量控制、拥塞避免等）紧密配合，以确保网络高效、稳定和可靠运行。

（四）带宽管理和 QoS 控制

在计算机网络管理中，带宽管理和 QoS 控制是确保网络高效、稳定运行的关键技术。

1. 为不同优先级的数据包分配不同的带宽资源

为了优化网络性能，满足不同用户的需求，网络管理员需要根据数据包的优先级来分配带宽资源。高优先级的数据包，通常承载着实时或关键业务数据，如音视频流、重要文件传输等，因此它们需要更多的带宽资源，以确保传输速度和稳定性。

网络设备和软件系统可以根据数据包的优先级标记（如 DSCP、PCP 等）来动态分配带宽资源。例如，在网络设备上配置 QoS 策略，为高优先级的数据流分配更大的带宽份额。这样，网络拥堵时，高优先级的数据包仍能保持较快的传输速度和较强的稳定性。

2. 实施 QoS 控制策略

QoS 控制策略是网络管理中用于优化性能、确保关键业务数据传输的重要技术。通过网络设备（如路由器、交换机、防火墙等）上的 QoS 功能，管理员实施一系列控制策略，以确保在网络拥堵时高优先级的数据包仍能得到优先处理。

QoS 控制策略通常包括以下几个方面：

（1）流量分类与标记。根据应用、用户或数据流的特点对其进行分类，并使用如 DSCP、PCP 等标记数据包的优先级。

（2）带宽分配与限制。为不同类别的数据流分配不同的带宽资源，确保高优先级的数据流在拥堵时仍能获得足够的带宽资源。

（3）队列管理与调度。使用优先级队列、加权轮询等调度算法来决定哪个数据流应该首先被处理。

（4）拥塞控制。在网络拥堵时，通过丢包、降速或其他机制来确保高优先级的数据流不受影响。

通过实施这些 QoS 控制策略，网络管理员可以确保关键业务数据在网络中的稳定、高效传输，同时满足不同用户的需求。在网络设计和运维中，这些策略可以提升网络性能、保障服务质量。

综上所述，应用层数据包处理优先级的策略涉及多个方面，包括数据包分类、标记、优先级队列和调度、带宽管理和 QoS 控制策略等。这些策略的综合应用可以确保网络中的关键数据包得到优先处理，从而提供更好的用户体验。

第三节　传输层数据包过滤

考核知识点及能力要求：

- 了解 UDP 协议报文格式及特点。
- 了解 TCP 协议报文格式及特点。
- 掌握运用传输层协议进行数据包过滤方法。

一、用户数据报协议

（一）用户数据报协议概况

用户数据报协议（user datagram protocol，UDP）是开放式系统互联（open system interconnection，OSI）参考模型中的一种无连接传输层协议，它提供面向无连接的、不可靠的数据包传送服务。与 TCP 协议相似，UDP 协议也用于处理数据包，并在 OSI 模型中处于传输层，紧邻 IP（网络层）协议。与 TCP 协议不同的是，UDP 协议不提供数据包的分组、组装功能，也不对数据包的顺序进行保证。因此，UDP 数据报被发送出去后，发送方无法确认数据包是否完整且安全到达目的地。UDP 协议主要用于支持需要在计算机之间高效传输数据的网络应用，尤其适用于对实时性要求较高、可以容忍一定数据包丢失的场景。

UDP 协议充当 IP 协议与上层应用协议之间的接口。它允许同一台设备上的多个应用程序通过不同的端口号进行通信。UDP 协议不提供连接导向的通信，且不对传输的数据包提供可靠性保障。因此，它特别适合传输少量数据，而传输的可靠性则交由应用层处理。

（二）用户数据报协议特点

1. 无连接与不可靠性

UDP 协议发送数据前不需要建立连接，因此它被称为“无连接”协议。这意味着 UDP 协议不会维护任何关于连接状态的信息，从而减少了网络开销。

UDP 协议不提供数据传送的可靠性保证。它不会重传丢失的数据包，也不会对乱序的数据包进行重新排序。因此，它被认为是“不可靠”的协议。这种不可靠性在某些场景下是可接受的，如流媒体传输或实时游戏中，数据实时性比可靠性更重要。

2. 尽力而为的数据交付

UDP 协议会尽其所能传递数据，但如果数据包在传输过程中丢失或损坏，UDP 协议不会尝试恢复或重传这些数据。它也不会向发送方提供任何反馈，表明数据包是否已成功到达接收方。

3. 面向报文

UDP 协议是面向报文的协议，这意味着它保留应用层数据的边界。发送方的 UDP 协议在应用层数据上添加一个 UDP 首部，进行校验和计算，之后将数据递交给 IP 层进行传输。接收方收到数据后，会进行简单的校验，然后去除 UDP 首部，将应用层数据原封不动地递交给上层应用。这种面向报文的特性使 UDP 协议能够处理任何形式的应用层数据，而无须对数据进行分段或重组。

4. 高效率与低延迟

UDP 协议的高效性主要体现在其简洁性和无状态性。由于没有像 TCP 协议那样的握手、确认、窗口管理、重传和拥塞控制等复杂机制，UDP 协议处理数据时具有较低的开销和延迟。这使 UDP 协议非常适用于需要快速响应和低延迟的应用场景，如实时音视频传输、在线游戏和网络电话等。

（三）用户数据报协议报文格式

UDP 协议是一个无连接、不保证可靠性的传输层协议，即发送端不关心发送的数据是否到达目标主机、数据是否出错等，收到数据的主机也不会告诉发送方是否接收到了数据，它的可靠性由上层协议来保障。其字段定义如图 8–5 所示。

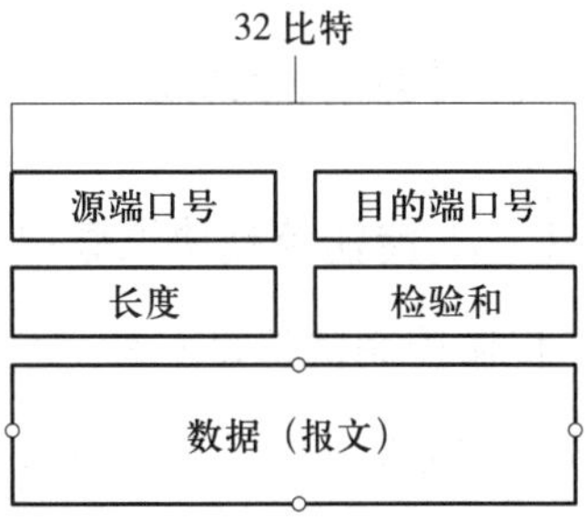

图 8–5　UDP 协议报文格式字段定义

1. 源端口号

源端口号（source port）是一个 16 位的字段，用于指示发送方应用程序所使用的端口号。端口号用于区分同一台计算机上运行的不同应用程序。

2. 目的端口号

目的端口号（destination port）是一个 16 位的字段，用于指示接收方应用程序所使用的端口号，确保数据能够被传送到正确的应用程序。

3. 长度

长度（length）是一个 16 位的字段，用于指示 UDP 协议报文的总长度，包括 UDP 报头和数据部分的长度。这个字段有助于接收方确定 UDP 数据报的完整范围。

4. 校验和

校验和（checksum）是一个 16 位的字段，用于检测 UDP 协议报文在传输过程中是否出现了错误。它通过特定算法计算协议报文的完整性，并在接收端进行验证，以确保数据在传输过程中没有被损坏或篡改。如果校验和不匹配，接收方通常会丢弃该协议报文。

5. 数据

数据（data）是 UDP 协议报文的可变长度字段，包含实际要传输的应用程序数据。数据的长度可以根据需要变化，最大可以达到 65 535 字节减去 UDP 报头的长度（即 65 527 字节）。UDP 协议报文的首部长度固定为 8 字节，如果没有数据部分，UDP 协议报文长度就是 8 字节。

二、传输控制协议

（一）传输控制协议概况

传输控制协议是一种面向连接的、可靠的、基于字节流的传输层通信协议。TCP 协议旨在适应支持多网络应用的分层协议层次结构，是为了在不可靠的互联网络上提供可靠的端到端字节流而专门设计的一个传输协议。连接到不同但互连的计算机通信网络的主机中的成对进程之间依靠 TCP 提供可靠的通信服务。原则上，TCP 协议应该能够在从硬线连接到分组交换或电路交换网络的各种通信系统之上操作。

不同主机的应用层之间经常需要可靠的连接，但是 IP 层不提供这样的流机制，而是提供不可靠的包交换。应用层向 TCP 层发送用于网间传输的、用字节表示的数据流，然后按照 TCP 层把数据流分区成适当长度的报文段。之后 TCP 层把结果包传给 IP 层，由它来通过网络将包传送给接收端实体的 TCP 层。为了保证不丢包，TCP 层会给每个包一个序号，同时序号也保证了接收端实体按序接收包。然后接收端实体对已成功收到的包发回一个相应的确认信号（acknowledge character，ACK）；如果发送端实体在合理的往返时延内未收到确认，那么对应的数据包就被假设为已丢失，将会被进行重传。TCP 层采用校验和函数检验数据是否有错误；发送和接收时要计算校验和。

（二）传输控制协议特点

1. 面向连接

TCP 协议要求通信双方必须在数据传输之前建立连接。这种连接方式确保了数据的可靠传输，并为数据传输提供稳定的通道。建立连接时，双方会进行“三次握手”，通过交换一系列的数据包来确认彼此的连接状态和初始序列号。同样，数据传输完成后，双方会进行“四次挥手”来关闭连接，确保数据完整性。

2. 点对点通信

TCP 协议的设计是基于点对点（peer-to-peer）的通信模型。这意味着每一条 TCP 连接都是严格在两个端点之间建立的，不存在多个接收者或广播的情况。这种通信模式保证了数据的私密性和安全性，因为只有连接的两端才能接收到对方发送的数据。同时，点对点通信也降低了数据传输的复杂程度，因为不需要考虑多个接收者的同步和数据分配问题。

3. 高可靠性

TCP 协议提供了高度可靠的数据传输服务。它通过一系列机制确保数据在传输过程中不会丢失、损坏，并且能够按照发送顺序准确到达接收端。为了实现这一点，TCP 协议使用了序列号、确认应答、超时重传等机制来检测和修复数据传输中可能出现的问题。这种高可靠性使 TCP 协议非常适合用于传输重要且需要确保完整性的数据。

4. 全双工通信

TCP 协议支持全双工通信模式，这意味着在同一 TCP 连接上，通信双方可以同时进行数据发送和接收。这种双向通信能力使 TCP 协议非常灵活和高效，特别适用于需要实时交互和数据传输的应用场景。为了实现全双工通信，TCP 连接的两端都设立了发送缓存和接收缓存来暂存数据，确保数据的平滑传输和接收。

5. 面向字节流

TCP 协议将传输的数据视为无结构的字节流。对于应用层发送下来的数据块，TCP 协议不会关注其内部结构和含义，而是将其视为连续的字节序列进行传输。这种面向字节流的处理方式使 TCP 协议能灵活适应各种类型的应用层数据。同时，接收方的应用程序需要负责解析这些字节流，并将其还原成原始的应用层数据格式。这种设计降低了 TCP 协议的实现复杂程度，并提高了其通用性和灵活性。

（三）传输控制协议报文格式

TCP 协议是互联网协议簇中的核心协议之一，它为应用程序提供了可靠的数据传输服务。TCP 协议报文由 TCP 首部和数据区域组成，TCP 首部通常为 20 字节，里面包含不同的属性字段，其字段定义如图 8-6 所示。

源端口号的字段长度为 2 字节，其为数据发送方进程的端口号。

目标端口号的字段长度为 2 字节，其为数据接收端进程的端口号。接收端收到数据段后，根据这个端口号来确定把数据发送给哪个应用程序的进程。

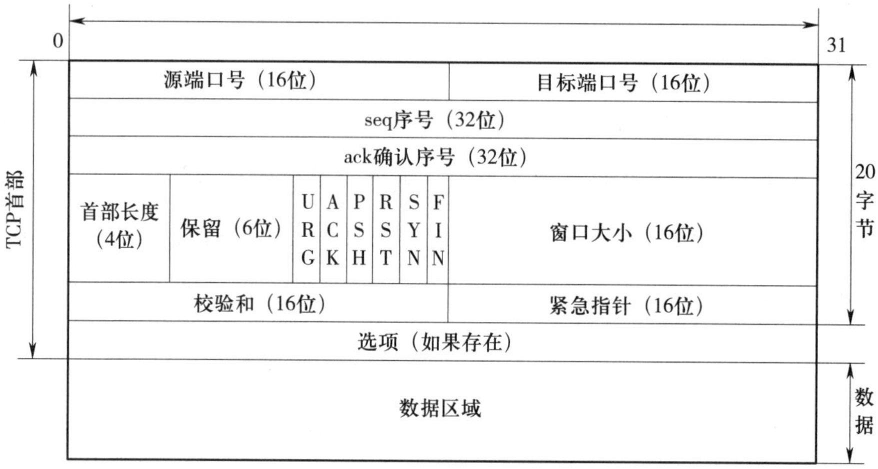

图 8-6　TCP 协议报文字段定义

序号的字段长度为 4 字节，发送端为每个字节进行编号，便于接收端正确重组。当 TCP 协议从进程接收数据字节时，把它们分割成数据段，并存储在发送缓存中，并对每一个字节进行编号。数据到达目的地后，接收端会按照这个序号把数据重组重新排列，保证数据的正确性。

确认序号的字段长度为 4 字节，表示期望收到对方下次发送的数据的第一个字节的序号，也就是期望收到的下一个报文段的首部中的序号。确认序号应为上次成功收到数据字节序号加 1。只有当 ACK 标志为 1 时，确认序号才有效。TCP 协议为应用层提供全双工服务，这意味着数据能在两个方向上独立进行传输，因此确认序号通常会与反向数据封装在同一个报文中，连接的每一端都必须保持每个方向上的传输数据序号准确性。接收端响应消息时，会用它来告诉发送端这个序号之前的数据段都已经收到。如确认号为 X，就是表示前 X–1 个数据都已经收到。

首部长度的字段长度为 4 位，用它可以确定 TCP 首部数据的字节长度。一般情况下 TCP 首部是 20 字节，但首部长度最大可以扩展为 60 字节。

窗口大小的字段长度为 2 字节，用于说明本地可接收数据段的数目。这个值的大小是可变的，当网络通畅时增大这个窗口值，可加快传输速度；当网络不稳定时减小这个值，可保证网络数据的可靠性。TCP 协议中的流量控制机制就是依靠调整窗口大小实现的。

校验和的字段长度为 2 字节，用来做差错控制。字段检验的范围包括首部和数据这两部分。数据字段发送时和到达目的地时会进行校验和计算，若这两次校验一致，则说明数据是正确的，否则将认为该数据已被破坏，接收端将丢弃该数据。

紧急指针的字段长度为 2 字节，其值为本报文段中的紧急数据的最后一个字节的序号。

选项的字段长度是不确定的，最多 40 字节。

（四）建立 TCP 连接

TCP 协议是面向连接的协议，通信前需要建立三次握手连接。客户端向服务器发送（SYN_SENT）携带 SYN 标志位的连接请求报文，其中 SYN 标志位设置为 1，表示希望建立连接，并将序列号 seq 设置为 *J*，为发送方选择的初始序列号。服务器收到报文（SYN_RCVD）后应答携带 SYN+ACK 标志位的连接请求报文，ACK 标志位设置为 1，表示这是一个确认应答。ack [①] 字段设置为 *J*+1，其中 *J* 是接收方接收的序列号，表示接收方已经接收到 SYN 包，并将序列号 seq 设置为 *K*。客户端收到报文后创建连接对象并且发送携带 ACK 的应答报文，并将 ack 字段设置为 *K*+1。服务器收到应答报文也创建连接对象，此时连接建立成功，客户端和服务器都进入 ESTABLISHED 状态，到此，就完成了三次握手。TCP 连接的三次握手过程如图 8–7 所示。

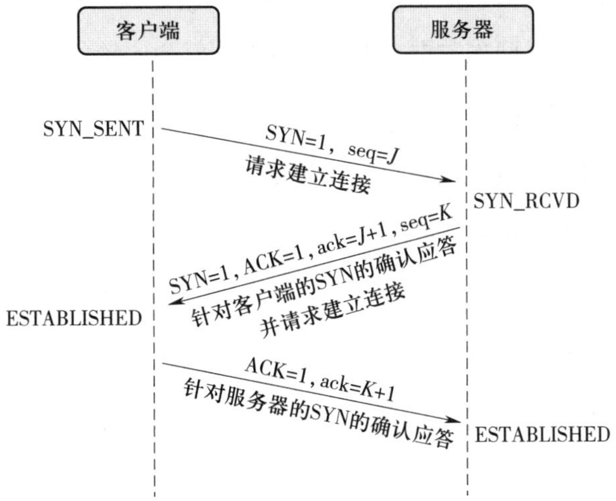

图 8–7　TCP 连接的三次握手过程

---

① ack 为 TCP 协议中的一个字段，用小写字母表示。

完成握手后，客户端与服务器就成功建立了连接，同时双方都得到了彼此的窗口大小，序列号等信息，传输 TCP 报文段时，每个 TCP 报文段首部的 SYN 标志都会被设置为 0，因为它只用于发起连接，同步序号。需要注意的是，TCP 协议旨在保证数据全部被对端收到，但是三次握手不一定会成功。第三次握手时客户端发送的应答报文可能会丢包，没有被服务器收到，客户端已经处于连接成功状态，但是服务器还未完成连接。

（五）确认应答

接收方收到消息后，给发送方返回一个应答报文，表示自己已经收到了。由于网络环境不确定，多个以太网数据帧之间可能会产生后发先至情况。这就需要对消息进行编号，用于表示当前这个应答报文是针对哪个消息进行的确认。TCP 协议并不是根据消息条数进行编号，而是根据字节编号，每个字节都进行了编号。确认应答报文中的确认序号表示当前从头接收到了哪个字节，即从头拼接到数据断开的字节序号。

（六）超时重传

如果传输中丢包，就会缺少要等待的 ACK。传输方等待一定时间后还没有收到 ACK，就重新发送一次数据。如果连续重传失败，就会放弃重传，断开 TCP 连接。但丢包分不同情况，如果发送的数据丢了，重新发送不会对整体有影响。如果应答报文 ACK 丢了，就会重复发送两次数据，如果没有处理就会比较危险。

（七）关闭 TCP 连接

类似建立 TCP 连接时的三次握手，关闭 TCP 连接时需要进行四次挥手。TCP 断开连接的四次挥手过程如图 8-8 所示。

1. 第一次挥手

客户端发送一个结束（finish，FIN）报文，报文中会指定一个序列号。此时客户端处于 FIN_WAIT1 状态，停止发送数据，等待服务器的确认。

2. 第二次挥手

服务器收到 FIN 报文后，会发送 ACK 报文，且把客户端的序列号值加 1（M+1）作为 ACK 报文的序列号值，表明已经收到客户端的报文，此时服务器处于 CLOSE_WAIT 状态。

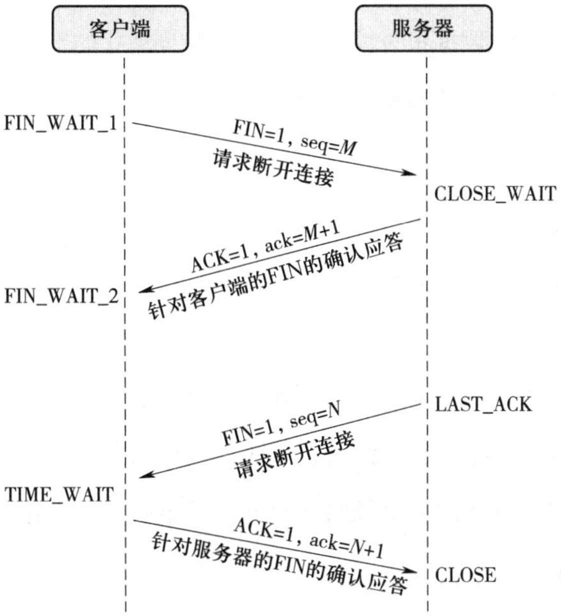

图 8–8　TCP 断开连接的四次挥手过程

3. 第三次挥手

如果服务器也想断开连接了，和客户端的第一次挥手一样，发送 FIN 报文，且指定一个序列号。此时服务器处于 LAST_ACK 的状态。

4. 第四次挥手

客户端收到 FIN 报文后，发送一个 ACK 报文作为应答，且把服务器的序列号值加 1 作为自己 ACK 报文的序列号值，此时客户端处于 TIME_WAIT（时间等待计时器）状态。服务器收到 ACK 报文后，就关闭连接，处于 CLOSE 状态。

三、数据包过滤

数据包过滤通常用于网络安全监控、数据分析或网络调试等场景。通过使用特定的过滤规则，可以从网络流量中筛选出符合特定条件的数据包。

TCP、UDP 数据报过滤基本原理是相似的，可以使用 Wireshark 等网络分析工具，通过设置过滤器来只显示符合特定条件的 UDP 数据报。同样地，可以根据目标端口、源 IP 地址、目标 IP 地址等条件进行过滤。

除了使用 Wireshark 等工具进行手动过滤，还可以在网络设备（如路由器、防火墙等）上配置 TCP、UDP 数据报过滤规则，以实现自动化的数据包过滤。这种过滤可以在网络层面对不符合规则的数据包进行丢弃或转发，从而确保网络安全或实现特定的网络策略。

（一）数据包过滤方法

以下是基于 TCP 协议实现数据包过滤的方法。

1. 端口过滤

TCP 端口是应用程序在网络中的唯一标识。通过端口过滤，可以精确控制哪些应用程序可以接收或发送数据。该方法可以阻止未授权服务，阻止外部访问内部数据库服务器的端口，以降低潜在的安全风险。只允许特定端口上的流量通过，以确保关键服务的安全性和可用性。

2. IP 地址过滤

通过 IP 地址过滤，可以控制来自或发送到特定 IP 地址的数据包。该方法可以设置黑名单 / 白名单，阻止来自恶意 IP 地址的流量，或只允许来自受信任 IP 地址的流量。该方法还可以根据 IP 地址的地理位置信息，限制或允许特定地区的访问。

3. 序列号过滤

序列号用于确保数据的顺序和完整性。监控序列号，可以检测并阻止潜在的攻击。该方法防止序列号预测攻击，检测异常序列号模式，可以阻止基于序列号预测的攻击。该方法还可以进行数据完整性校验，确保接收到的数据包序列号连续，以验证数据完整性。

4. TCP 标志位过滤

TCP 首部包含多个控制位，如 SYN、ACK、FIN 等。通过检查这些标志位，可以识别特定的 TCP 连接状态，如建立连接、关闭连接、数据传输完成等。防火墙可以根据这些状态过滤数据包。

该方法可以监控连接状态，根据 TCP 标志位识别连接的各个阶段，以便进行更精细的管理。该方法可以防止 SYN 洪水攻击，限制 SYN 数据包的速率或数量，防止恶意用户发起大量无效的连接请求。

5. 应用层协议过滤

虽然 TCP 协议本身不关心传输的数据内容，但可以通过分析应用层协议的特征实现过滤。例如，通过识别特定应用层协议的请求和响应模式，可以过滤掉恶意的或不符合预期的流量。

6. 深度包检测

深度包检测是一种更高级的过滤技术，它不仅检查数据包的首部信息，而且检查数据包的有效载荷。通过分析有效载荷中的内容，可以识别和过滤出恶意软件、病毒或其他威胁。识别并阻止隐藏在正常流量中的恶意软件、病毒或间谍软件。检测并阻止敏感信息的非法传输。

（二）数据包过滤实现

实现数据包过滤通常包括以下步骤。

第一步，规则定义。根据安全策略定义过滤规则，包括允许或拒绝特定的端口、IP 地址、TCP 标志位等。

第二步，配置防火墙。在网络防火墙或安全设备上配置定义好的规则。

第三步，监控和日志记录。监控网络流量，记录过滤事件和潜在的安全威胁。

第四步，动态调整。根据网络流量和安全事件的分析结果，动态调整过滤规则，以适应不断变化的网络环境。

第四节　多种网络拓扑结构组网通信

考核知识点及能力要求：

- 了解以太网物理层协议构成及标准。
- 了解常见有线网络拓扑结构。
- 掌握多种网络拓扑结构组网通信应用开发方法。

一、以太网物理层

以太网物理层定义了网络的电气和物理特性，这些特性对有线网络拓扑结构的设计和实施有直接影响。物理层决定了可以使用的传输介质类型，如双绞线、同轴电缆或光纤。不同的网络拓扑结构可能需要不同的传输介质。例如，星型拓扑通常使用双绞线或光纤，而总线型拓扑则常用同轴电缆。物理层的特性，如信号衰减和噪声容限，影响网络拓扑的设计。例如，信号在长距离传输时会衰减，因此总线型拓扑的网络长度受到限制。物理层定义了设备间的最大连接距离。不同的物理层标准有不同的连接距离限制，这直接影响网络拓扑的设计和规模。选择合适的物理层标准对确保网络性能、可靠性和扩展性至关重要。

以太网物理层大致可以分为介质无关接口（media independent interface，MII）、物理编码子层（physical coding sublayer，PCS）、物理介质连接层（physical medium attachment，PMA）、物理介质相关层（physical medium dependent，PMD）、介质依赖接口（medium dependent interface，MDI）、物理介质等。下文将简述其中几个组成部分的功能。

以太网物理层结构如图 8-9 所示。

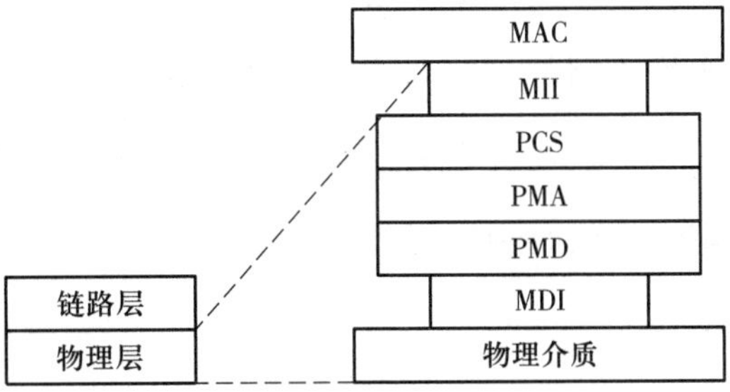

图 8-9　以太网物理层结构

（一）物理层规范

以太网物理层是计算机网络体系结构中的一部分，负责处理以太网数据帧在物理介质上传输的细节。这一层涉及硬件和传输介质，确保数据能够在网络中可靠传输。有线以太网可以使用不同的物理介质进行连接，如双绞线、光纤和同轴电缆。

（二）MDI 接口

MDI 是连接物理层芯片和物理介质的接口，常见的是广泛应用于以太网和其他类型的网络连接中的 RJ45 接口。使用百兆网时，MDI 一共 4 根线，两对差分信号，只用了 RJ45 的第 1、2、3、6 线。使用千兆网时，MDI 一共 8 根线，四对差分信号，用了 RJ45 的 8 根线。

（三）PCS 子层

PCS 子层的功能是编码和解码。在发送方向，PCS 子层将来自 MAC 层的数据进行编码，采取 8B/10B 或 64B/66B 编码方式。在接收方向，PCS 子层将来自线路上的数据进行解码后送给 MAC 层。编码的作用是转换密度、DC 补偿、检错等。

（四）PMA 子层

PMA 子层的功能是链路监测和时钟合成。PMA 从 PCS 接收串行比特流，然后发送到 PMD 层。PMA 使用数字锁相环（phase locked loop，PLL），在发送端根据标准时钟接口发送比特流，在接收端通过 PLL 同步串行数据流并从中提取时钟。

（五）PMD 子层

PMD 子层的功能是扰码和均衡。均衡器是一种可以分别调节各种频率放大量的电子设备，通过对各种不同频率的电信号的调节来弥补扬声器和声场的缺陷。在通信系统中，在基带系统中插入均衡器能够削弱码间干扰的影响。如果接收端中判决的结果经过反馈用于均衡器的参数调整，则为非线性均衡器，包括判决反馈均衡器（decision feedback equalization，DFE)、最大似然符号检测器等。DFE 在接收端通过固件自动调节以适配最好的时钟恢复效果，信号高速传输时，固件需不断调整适配。

二、有线通信网络拓扑结构

（一）星型拓扑结构

星型拓扑结构是一种以中央节点为中心，把若干外围节点连接起来的辐射式组网结构。这种结构适用于局域网，特别是近年来连接的局域网大都采用这种连接方式。在星型网络中任何两个外围节点要进行通信，都必须经过中央节点控制，因而介质访问控制方法简单，致使访问协议也十分简单，易于网络监控和管理。中央节点可以对连接线路进行逐一隔离，并进行故障检测和定位，单个外围节点的故障只影响一个设备，不会影响全网。中央节点采取集中式通信控制策略，因此中央节点设备相对复杂，负担也比其他各节点重。网络建设时需要耗费大量电缆，安装、维护的工作量也较大。星型结构中，外围节点故障一般不会影响整个网络，但如果中央节点发生故障，则全网受影响。星型拓扑结构如图 8–10 所示。

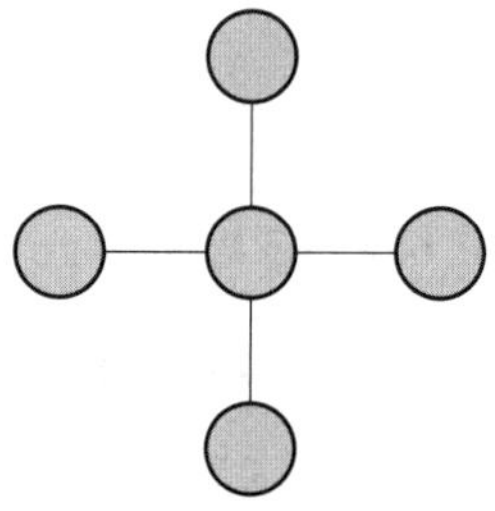

图 8–10　星型拓扑结构

（二）总线型拓扑结构

总线型拓扑结构中，所有工作节点都连接在一条主干电缆上。数据帧根据目的地址，在线缆中传输。每个节点都检查网络上数据帧的地址，看是否与自己的站址相符。总线型网络拓扑结构不需要额外的互联设备，直接通过一条总线进行连接，所以组网费用较低。但因为各节点共用总线带宽，一次仅一个节点能发送数据，其他节点必须等待到获得发送权，所以传输速度会随着接入网络用户增多而下降。总线型网络用户扩展较灵活，扩展用户时只需要添加一个接线器即可，并且单个节点失效不影响整个网络的正常通信，但所能连接的用户数量有限。另外，如果总线出现故障，则整个网络或者相应主干网段瘫痪。总线型拓扑结构如图 8–11 所示。

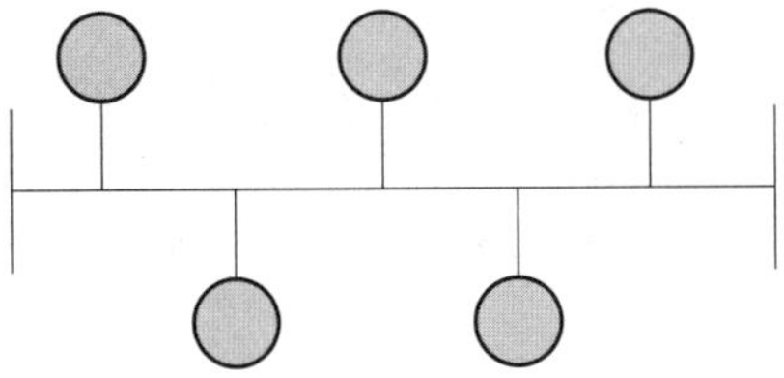

图 8–11　总线型拓扑结构

（三）环型拓扑结构

环型拓扑结构各节点通过通信线路组成闭合回路，环中数据只能单向传输，数据帧在每台设备上延时时间是固定的，特别适合实时控制的局域网系统。环形结构就像一串珍珠项链，环形结构上的节点是项链上的一个个珠子。两个节点之间仅有一条路径，故优化了路径选择的管理。环路上各节点都是自主控制，故控制软件简单。由于信息在环路中是串行穿过各个节点，当环中节点过多时，势必影响信息传输速率，使网络的响应时间延长。环路是封闭的，不便于扩充，一个节点故障将会造成全网瘫痪。环型拓扑结构如图 8–12 所示。

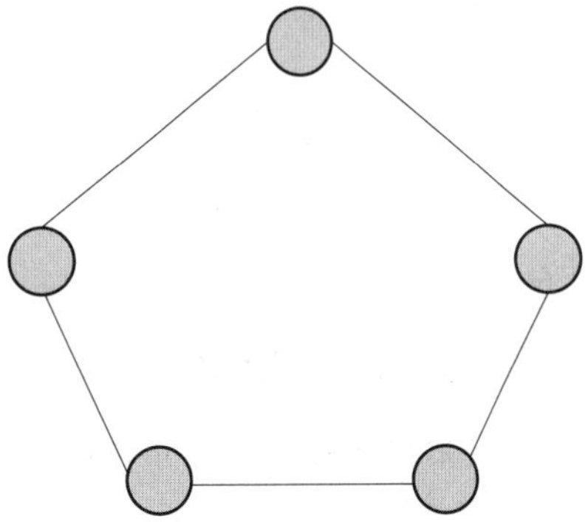

图 8–12　环型拓扑结构

（四）树型拓扑结构

树型拓扑结构是一种层次结构，节点按层次连接，信息交换主要在上、下节点之间进行，相邻节点或同层节点之间一般不进行数据交换。树形拓扑结构的优点是网络结构简单，便于管理和控制，网络建设容易，网络延迟时间较短，误码率较低。缺点是负责数据交换的节点负载太重，通信线路利用率不高，网络共享能力较弱。树型拓扑结构如图 8–13 所示。

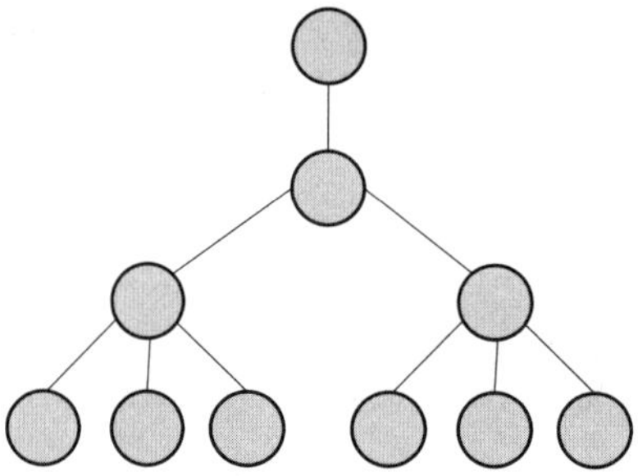

图 8-13 树型拓扑结构

（五）网状拓扑结构

网状拓扑结构又被称为无规则拓扑结构，有时也被称为分布式拓扑结构，节点之间的连接是任意的，没有规律。网状拓扑结构是广域网中常采用的一种网络形式，是典型的点到点结构。在网状拓扑结构中，每个节点之间均有点到点的链路连接，这种连接方式安装复杂，成本较高，只有每个节点需要频繁发送信息时才使用。其优势在于系统可靠性和容错能力强。网状拓扑结构如图 8-14 所示。

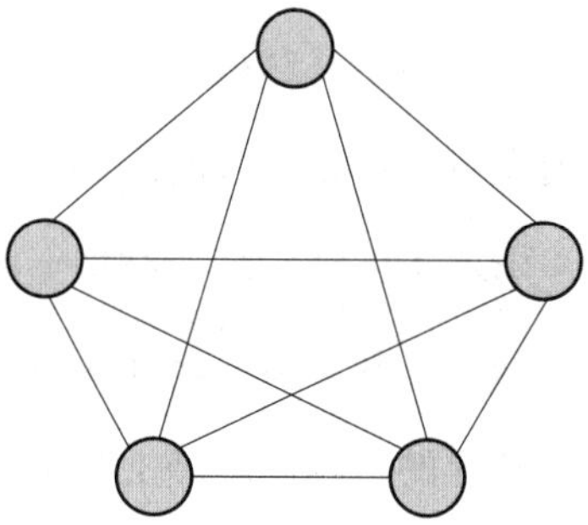

图 8-14 网状拓扑结构

（六）混合型拓扑结构

混合型拓扑结构是指同时使用上述 5 种网络拓扑结构中两种或两种以上的网络拓扑结构。一方面，这种网络拓扑结构继承所包含网络拓扑结构的优点，可以灵活扩展。另一方面，整个网络系统可能非常复杂，维护起来不容易。

三、多种网络拓扑结构组网通信应用开发

在工业自动化监控系统中，常需要利用传感器技术对生产环境的温湿度数据、可燃气体数据等信息进行监控，以保障生产环境数据的稳定，并在出现异常时能及时预警，因此，对环境信息的监测采用多种网络拓扑结构组网进行通信较为普遍。如在监控系统中通过 RS-485 总线采集环境传感器节点的数据，并将这些数据通过以太网发送到中央服务器进行实时监控和分析。以下对如何进行多种网络拓扑结构组网通信进

行讲解。

（一）硬件设备设置及接线

根据案例的场景，硬件设备网络结构如图 8–15 所示。

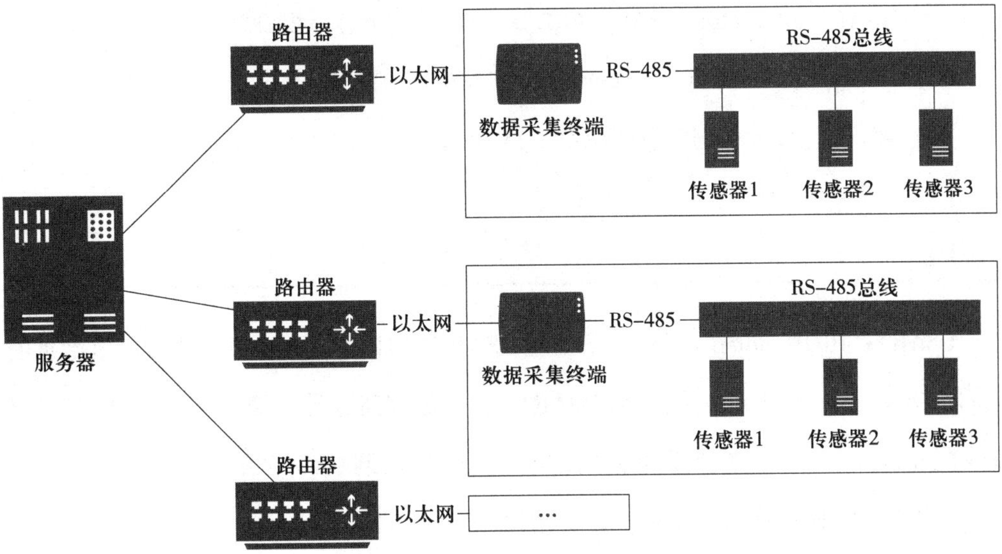

图 8–15　硬件设备网络结构

嵌入式数据采集终端以 STM32 系列芯片为例，传感器节点通过线缆连接至 RS–485 总线作为从机，终端同样通过串行接口的 RS–485 收发器芯片接入 RS–485 总线作为主机。在接收到传感器数据后，终端的以太网接口通过以太网线缆连接到路由器 / 交换机的一个端口进行数据上报，路由器 / 交换机通过以太网线缆连接到中央服务器的网络接口。

（二）开发过程

对 RS–485 总线和以太网通信的相关参数进行配置。代码如下：

```
#define RS485_UART       USART1
#define RS485_BAUDRATE   9600
#define ETH_BUF_SIZE     512
#define ETH_PORT         1234
#define ETH_SERVER_IP    "192.168.1.100"
```

完成串口功能的初始化后，编写串口中断服务程序，以实现 RS-485 数据的接收。代码如下：

```
void USART1_IRQHandler(void) {
    if(USART_GetITStatus(RS485_UART, USART_IT_RXNE) != RESET) {
        uint8_t data = USART_ReceiveData(RS485_UART);
        rs485_rx_buffer[rs485_rx_index++] = data;
    }
}
```

USART1_IRQHandler( ) 函数用于处理 USART1 串口的接收中断。当接收到数据时，使用 USART_ReceiveData( ) 函数从 USART1 接收数据寄存器中读取数据，并将其存储在变量 data 中。然后将接收到的数据存储到 RS-485 接收缓冲区中。

使用 LWIP 协议栈对以太网进行初始化，代码如下：

```
// 初始化以太网
void init_ethernet(void) {
    struct ip_addr ipaddr, netmask, gw;
    // 初始化 LWIP 协议栈
    lwip_init();
    // 设置 IP 地址、子网掩码和网关
    IP4_ADDR(&ipaddr, 192, 168, 1, 2);
    IP4_ADDR(&netmask, 255, 255, 255, 0);
    IP4_ADDR(&gw, 192, 168, 1, 1);
    // 添加网络接口
    struct netif *netif = netif_add(NULL, &ipaddr, &netmask, &gw, NULL, NULL,
ethernet_input);
    // 启动网络接口
```

```
    netif_set_default(netif);
    netif_set_up(netif);
    // 创建 TCP 连接
    conn = netconn_new(NETCONN_TCP);
    netconn_bind(conn, IP_ADDR_ANY, ETH_PORT);
    netconn_connect(conn, IP_ADDR_ANY, ETH_SERVER_IP, ETH_PORT);
}
```

初始化过程中定义了 ipaddr、netmask、gw 三个 ip_addr 类型的结构体变量，分别用于存储 IP 地址、子网掩码和网关地址，并调用 lwip_init( ) 函数进行 LWIP 协议栈的初始化。数据采集终端的 IP 地址、子网掩码和网关地址通过 IP4_ADDR( ) 函数进行设置。netif_add( ) 函数用于添加网络接口，包括指定 IP 地址、子网掩码、网关以及数据包输入处理函数 ethernet_input( )。netif_set_default( ) 函数将新添加的网络接口设置为默认接口，发送数据包时就会使用该接口。netif_set_up( ) 函数用于启动网络接口，使其处于活动状态，可以进行数据传输。

创建 TCP 连接时，使用 netconn_new( ) 函数创建一个新的 TCP 连接对象，并将其指针存储在 conn 变量中。使用 netconn_bind( ) 函数将 TCP 连接绑定到指定的 IP 地址和端口上。使用 IP_ADDR_ANY 作为 IP 地址，表示可以接收任意 IP 地址发送的连接请求，而 ETH_PORT 是预先定义的以太网端口号。最后使用 netconn_connect( ) 函数发起与指定服务器的连接请求。其中，ETH_SERVER_IP 是服务器的 IP 地址，ETH_PORT 是服务器的端口号。

接收并处理传感器数据后，通过以太网将其发送到服务器，代码如下：

```
void send_data_to_server(char *sensor_data) {
    struct netbuf *buf;
    // 创建数据包
    buf = netbuf_new();
```

```
    netbuf_ref(buf, sensor_data, strlen(sensor_data));
    // 发送数据
    netconn_send(conn, buf);
    // 释放内存
    netbuf_delete(buf);
}
```

netbuf_new( ) 函数用于创建一个新的数据包对象，并将其指针赋值给 buf 变量，netbuf_ref( ) 函数将数据包 buf 与指定的数据缓冲区 sensor_data 关联起来，然后使用 netconn_send( ) 函数将数据包 buf 发送到服务器，netbuf_delete( ) 函数释放创建的数据包 buf 所占用的内存空间，即可完成将传感器数据发送到服务器的操作。

思考题

1. 应用层数据包处理优先级有哪些策略？
2. UDP 协议有什么特点？其报文格式是什么样的？
3. TCP 协议通信前需要建立几次握手连接？每次握手需要完成哪些设置？
4. 有线通信网络拓扑结构有哪几种？

第九章
无线通信开发

无线通信技术的发展使人们更容易获取信息，让人们可以随时随地通过手机、平板电脑等设备发送短信、语音、图片、视频等信息，进行社交互动和在线购物等活动，增强获取知识的能力，并巩固社交联系和信息链。同时，无线通信技术配合物联网，在物流、仓储、智慧城市等领域实现了对物品的快速追踪和管理，同时在消费服务领域，如在线支付、智能售货机等，优化了人们的消费体验。

物联网无线通信技术已经成为当今物联网发展的重要方向之一。本章从介绍物联网无线通信网络的数据包路由转发开始，引入路由协议相关知识，进而通过 Wi-Fi 无线通信开发系体性地阐述物联网无线网络通信的相关概念和设计方法，并结合无线网络拓扑结构探讨无线网络的结构优化方法。

- **职业功能：** 物联网组网通信开发。
- **工作内容：** 无线通信开发。
- **专业能力要求：** 能运用网络层协议，实现数据包的路由转发；能运用数据链路层协议，实现节点的单播、组播、广播通信；能运用物理层协议，实现无线网络的结构优化。
- **相关知识要求：** 数据包路由原理；无线网络组网知识；网络优化知识。

第一节　数据包路由转发

考核知识点及能力要求：

- 了解路由协议知识。
- 掌握数据包路由转发方法。

一、路由协议基础

（一）网络路由协议

路由是指互联网从源节点向目的节点传输信息的行为，并且所传输的信息至少通过一个中间节点。路由协议用于指定路由过程中数据包传送方式。在物联网中，网络传输的主要节点是路由器，路由器设置好指定的转发策略，包括静态路由、策略路由等，通过路由表转发接收到的数据。在较小规模的网络中，可以通过人工指定转发策略的方式规定路由方式；但是，在较大规模的网络中，人工指定转发策略会给网络管理员带来巨大的工作量，并且在管理、维护路由表上也变得十分困难，因此，在大规模网络中动态路由协议必不可少。常见的动态路由协议如下。

1. 路由信息协议

路由信息协议（routing information protocol，RIP）是一种使用跳数作为度量的距离矢量路由协议，其配置较为简单，是小型网络的最佳选择。RIP 协议具有以下特性。

（1）跳数被用作路径选择度量。

（2）每 30 s 发送一次路由更新。

（3）超过 15 跳就会被认为是无效的，因此第 15 跳路由器不会将路由更新发送到后续路由器。

RIP 协议的第一个版本 RIPv1 属于有类别路由协议。其协议报文中没有携带子网掩码信息，只能够识别出自然网段的路由，所以 RIPv1 无法支持路由的聚合，也不能够支持不连续子网，即所有的路由会被自动汇总为有类路由。在 RIPv1 演化为无类路由协议 RIPv2 后，增加了以下特性。

（1）安全性。RIPv2 包含一种身份验证机制，用于保护邻居之间的路由表更新通信。

（2）无类路由协议支持。支持路由聚合和无类域内路由选择（classless inter-domain routing，CIDR），允许更有效的 IP 地址分配。支持可变长子网掩码（variable length subnet mask，VLSM），允许每个路由使用不同的子网掩码，这提高了网络设计的灵活性。

（3）支持组播。除了支持广播，还支持组播，使用的组播地址为 224.0.0.9，可减少不收听 RIPv2 报文的主机负载。

（4）触发更新。支持触发更新，即在网络拓扑变化时立即发送更新，而不是等待定期更新，该特性有助于加快路由收敛。

这些特性使 RIPv2 比其前身 RIPv1 更加灵活和强大，尤其是在支持更复杂的网络设计、提高路由效率等方面。

2. 开放式最短路径优先协议

开放式最短路径优先（open shortest path first，OSPF）协议是一种链路状态路由协议，隶属于内部网关协议（interior gateway protocol，IGP），运作于自治系统内部。通过收发拓扑信息，根据特定算法计算得出路由条目。由于采用最短进程优先（shortest path first，SPF）算法计算最短路径，在网站规模变大时比距离矢量算法具有更强的拓展性，因此，OSPF 协议具有更好的性能。OSPF 协议的广泛应用得益于其开放性，协议标准是完全开放的，使 OSPF 协议变得非常流行。

3. 中间系统到中间系统协议

中间系统到中间系统（intermediate system to intermediate system，IS–IS）协议是由国际标准化组织提出的一种路由选择协议，它是一种链路状态协议。在该协议中，路由器负责交换基于链路开销的路由信息并决定网络拓扑结构。IS–IS 类似于 TCP/IP 网络的开放式最短路径优先协议。

4. 边界网关协议

边界网关协议（border gateway protocol，BGP）是一种用来在路由选择域之间交换网络层可达性信息（network layer reachability information，NLRI）的路由选择协议，由于不同的管理机构分别控制各自的路由选择域，因此，路由选择域经常被称为自治系统（autonomous system，AS）。BGP 协议允许不同的 AS 之间进行路由信息的交换，每个 AS 是一个由单个实体管理的网络集合，拥有自己的路由策略。与距离矢量协议（如 RIP 协议）不同，BGP 协议是一种路径矢量协议，意味着它不仅考虑到达目的地的"距离"，而且考虑整个到达目的地的路径，因此可以同时使用多条路径到达同一个目的地，提高了网络的可靠性，增加了网络冗余。BGP 协议分为内部 BGP 协议和外部 BGP 协议。内部 BGP 协议用于同一 AS 内部的路由信息交换，而外部 BGP 协议用于不同 AS 之间的路由信息交换。BGP 协议具有丰富的路由控制机制，BGP 路由来源包括从其他协议引入和从邻居学习两个部分，为了缩小路由规模，可以对优选的 BGP 路由进行聚合。在引入路由、从邻居接收或发送路由的过程中，可以通过路由策略实现对路由的过滤，也可以修改路由属性。

（二）物联网无线路由协议

1. 物联网无线路由协议特点

虽然在物联网无线通信系统中经常使用传统的网络路由协议，但是，物联网无线通信系统往往有其自身特点，使传统无线网络路由协议无法满足其特异化需求。物联网无线路由协议具有以下特点。

（1）能量优先。节点通常使用电池供电，能量有限，因此需要考虑节点的能量消耗以及网络能量均衡使用的问题。延长网络生命周期成为物联网无线路由协议设计的重要目标。

（2）局部网络拓扑信息。物联网无线通信系统为了节省通信能量，通常采用多跳的通信模式，而节点有限的存储资源和计算资源，使节点不能存储大量路由信息，无法进行太复杂的路由计算。

（3）以数据为中心。传统的路由协议通常以地址作为节点标识和路由的依据，而物联网无线通信系统中大量节点随机部署，所关注的是监测区域的感知数据，而不是具体哪个节点获取的信息。

（4）与应用相关。物联网无线通信系统的部署环境千差万别，数据通信模式也有所不同，没有通用的路由机制可以适配所有的应用场景。进行系统开发时，开发者要根据应用场景分析并总结具体的应用需求，设计并实现与之相适应的路由机制。

2. 物联网无线路由协议分类

对于海量的物联网无线网络应用，从不同角度出发，一般将路由协议归纳为四类，这四类路由协议介绍如下。

（1）能量感知路由协议。其特点在于考虑到无线节点的能量有限，从传输的能量消耗出发，讨论最少能量消耗的网络路由协议。设计目标是降低能量消耗、延长无线网络生命周期。

（2）基于地理位置的路由协议。基于地理位置的路由协议广泛应用于无线传感器网络、物联网、无人机网络等领域。在这些应用场景中，需要唤醒距离被跟踪目标最近的无线节点，用于确定目标精确位置。

（3）基于查询的路由协议。这种协议通过在节点之间发送查询消息来建立路由路径，然后根据这些路径将数据包路由到目标地址。基于查询的路由协议的优点之一是可以提供动态路由，这意味着它们可以适应网络拓扑的变化。当网络中的节点或链路出现故障时，基于查询的路由协议可以发现新的路由路径，从而保持数据包的传输。常见的基于查询的路由协议包括距离矢量路由协议和链路状态路由协议。距离矢量路由协议使用跳数作为度量标准，而链路状态路由协议使用网络链路的状态信息作为度量标准。

（4）可靠的路由协议。可靠的路由协议是指能够准确、高效地传送数据包，并能够自动适应网络拓扑变化的路由协议。部分物联网无线通信系统对通信质量要求较高，需要路由协议具有准确性、高效性、自适应性、稳定性、安全性等特点。

二、数据包路由转发

在 TCP/IP 协议簇中，IP 协议是最重要的协议之一。IP 协议是基于 IP 地址将数据包发送给目的主机，能够让互联网上任何两台主机进行通信。IP 协议位于 OSI 参考模型的第三层，即网络层。网络层的主要作用是实现终端节点之间的通信。IP 协议主要包含三方面内容，包括 IP 地址规划方案、分组封装格式及分组转发规则。

（一）IP 协议详解

通过 IP 协议进行通信时，需要在数据的前面加入 IP 首部信息。IP 首部包含用于 IP 协议进行发包控制时所有的必要信息。IP 首部结构如图 9-1 所示。

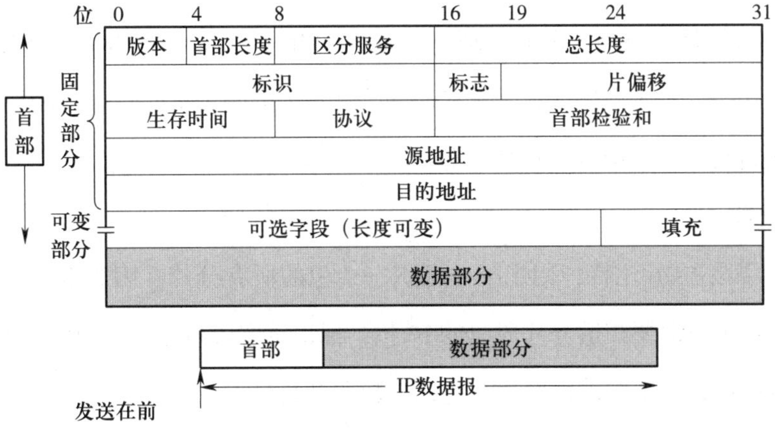

图 9-1　IP 首部结构

1. 版本

IP 首部第一个字段是版本，它占用 4 比特，位于 IP 包的最前面，也就是第一个字节的高 4 位。采用 IP 协议通信的双方，使用的协议版本必须一致。本字段的值为 4 表示为 IPv4 协议版本，本字段的值为 6 表示为 IPv6 协议版本。

2. 首部长度

由于 IP 首部可能包含数量不一的可选选项，因此需要一个字段来记录首部大小，进而确定数据的偏移量，这就是首部长度（internet header length，IHL）。IHL 字段同样占 4 比特，它用来说明首部由多少个 32 位字组成。IP 包结构中，每一行就是一个 32 位字，由 32 比特构成，也就是 4 字节，以 4 字节为单位。因此，首部字节数可以这样计算：IP 包首部字节数 =4 × IHL。如果 IP 包不包含任何选项，首部长度为 5 个 32 位字，IHL 字段值则为 5（二进制 0101）。IHL 最大值为 15（二进制 1111），因此 IP 首部长度最大为 60 字节，其中选项部分为 40 字节。

3. 区分服务

区分服务（differentiated services，DS）占 6 比特，一般情况下不使用。只有使用区分服务时，这个字段才起作用。

4. 总长度

总长度字段占 16 比特，它定义了 IP 包的总长度，包括首部和数据，单位为字节。这个字段最大值是 65 535，因此，理论上最大的 IP 包长度可以达到 65 535 字节。当 IP 包长度大于下层数据链路协议最大传输单元（maximum transmission unit，MTU）时，IP 包就必须进行分片，即拆分成多个包。

5. 标识符

标识符字段占 16 比特，用来唯一标识一个包的所有分片。因为 IP 包不一定能按时到达，在重组时需要知道分片所属的 IP 包，标识符字段就是一个 IP 包的 ID 。它一般由全局自增计数器生成，每发一个包，计数器就自动加一。

6. 标志位

标识字段占 3 比特，包含几个用于控制和识别分片的标志位：第 0 位保留，必须为 0；第 1 位一般为禁止分片，该位为 0 才允许分片；第 2 位为更多分片，该位为 1 表示后面还有分片，该位为 0 表示已经是最后一个分片。

7. 分片偏移

分片偏移字段占 13 比特，表示一个分片相对于原始 IP 包开头的偏移量，以 8 字节为单位。

8. 存活时间

存活时间（time to live，TTL）字段占 8 比特，值为 255。避免 IP 包因陷入路由环路而永远存在。存活时间以秒为单位，但在具体实现中成了一个跳数计数器：IP 包每经过一个路由器，TTL 减一，直到 TTL 为零时则被丢弃。

9. 协议

协议字段占 8 比特，表示 IP 包数据类型。通常情况下，IP 包数据承载上层协议报文。

10. 首部校验和

首部校验和字段占 16 比特，与以太网帧校验和字段类似，用于对报文进行查错。需注意的是，该字段只对 IP 首部进行查错，而不关心数据部分。这是因为 IP 包数据一般用于承载上层协议报文（如 UDP 报文和 TCP 报文），而它们的报文都有自己的校验和字段。每经过一个路由器，都要重新计算首部校验和并与该字段对比，不一致则将其丢弃。路由转发 IP 包前，也要重新计算并填写该字段，因为首部中的一些字段可能发生变化，每次转发，TTL 字段都要减一。

11. 源地址

源地址占用 32 比特，也就是 4 字节，表示 IP 包发送方的地址。

12. 目的地址

目的地址格式与源地址相同，表示 IP 包接收方的地址。

13. 选项

选项是 IP 包的可选字段，最多有 40 字节，并不常用。

14. 填充

在有可选项的情况下，首部长度可能不是 32 比特的整数倍。因此需要填充 0，调整为 32 比特的倍数（因为首部长度以 4 字节为单位）。

（二）子网掩码

IP 地址是 IP 协议提供的一种统一的地址格式，在 TCP/IP 通信中使用 IP 地址识别主机和路由器。与介质访问控制（media access control，MAC）地址不同，IP 地址是逻辑地址，需要手工配置或自动获取，为了保证正常通信，每个设备必须配置 IP 地址。IP 地址由 32 位二进制数组成。为方便记录，32 位的 IP 地址分为 4 组，每 8 位为一组，每组以符号“.”隔开，再将每组数转换为十进制数，如图 9–2 所示。

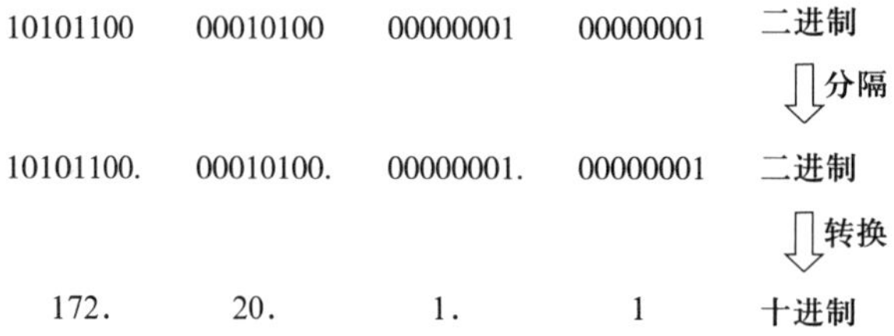

图 9–2　IP 地址

32 位的 IP 地址可以支持约 43 亿个设备。但是网络发展超乎想象，互联网上的设备远超 43 亿个，IPv4 地址已经耗尽，而网络地址转换（network address translation，NAT）技术解决了地址不足的问题。

IP 地址由网络号（网段地址）和主机号（主机地址）两部分组成，如图 9–3 所示。网络号是设备所在区域的一种标识，网络号相同的设备位于同一个网段内，网络号不同的设备通过路由器实现通信。主机号是在同一个网段中不同设备的标识，不允许同一个网段内出现重复的主机号。

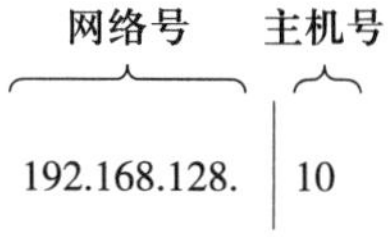

图 9–3　IP 地址网络号和主机号

早期网络地址采用固定网络位长度的方式，导致 IPv4 地址大量浪费。如今网段地址的长度可变，同时也需要一种标识来获取网段地址，以便路由器对数据包进行转发，这种识别码就是子网掩码。子网掩码用 32 位二进制表示，IP 地址的网段地址部分设置为 1，IP 地址的主机地址部分设置为 0。换句话说，IP 地址有多少位网段地址，子网掩码就有多少位取 1，其余都取 0。为了方便记录，每 8 位为一组，以“.”隔开，再转换为十进制数，如图 9–4 所示。

（三）IP 信息包路由机制

互联网是由多个网络连接所形成的大型网络。如果要在互联网中传送 IP 信息包，除了确保网络上每个设备都有一个唯一的 IP 地址，网络之间还必须有传送机制，才能将 IP 信息包通过网络传送到目的地。此种传送机制称为 IP 路由。

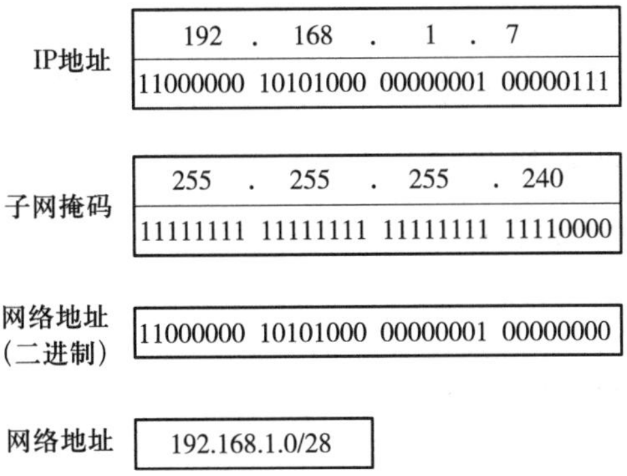

图 9–4　IP 地址和子网掩码

不同网络通过路由器相互连接。路由器的功能是为 IP 信息包选择传送的路径。换言之，只有依靠沿途各路由器的通力合作，才能将 IP 信息包送到目的地。路由器根据目的 IP 地址的网络号进行路由。在 IP 路由过程中，由路由器负责选择路径，IP 信息包则是被传送的对象。IP 信息包的路由机制如图 9–5 所示。

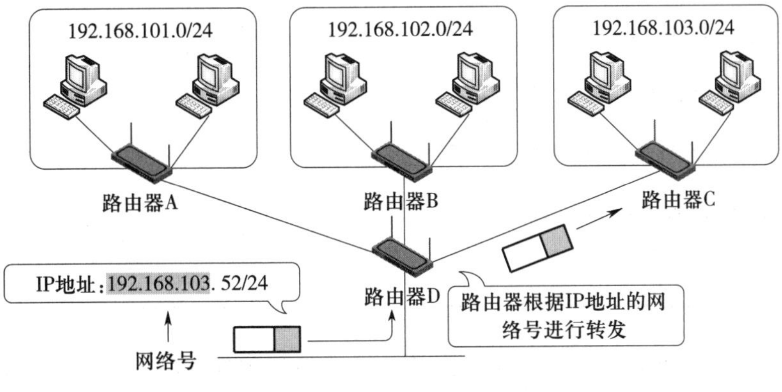

图 9–5　IP 信息包的路由机制

（四）数据包转发

在 Linux 操作系统中，IP 数据包的结构体描述为 iphdr，其具体定义如下：

```
struct iphdr {
#if defined(__LITTLE_ENDIAN_BITFIELD)
        __u8   ihl:4,   //IP 首部长度
```

```
        version:4; // 版本
#elif defined (__BIG_ENDIAN_BITFIELD)
    __u8   version:4, // 版本
        ihl:4;   //IP 头部首度
#else
#error  "Please fix <asm/byteorder.h>"
#endif
    __u8   tos;    // 区分服务
    __be16  tot_len;  // 总长度
    __be16  id;    // 标识
    __be16  frag_off; // 片偏移
    __u8   ttl;    // 生存时间
    __u8   protocol; // 协议
    __sum16 check;   // 校验和
    __be32  saddr;  // 源 IP 地址
    __be32  daddr;  // 目的 IP 地址
    /*The options start here. */
};
```

在 Linux 环境下实现路由转发功能，可以使用 socket 编程接收、解析和发送网络数据包，同时使用系统调用来配置网络路由表。以下代码即为通过 socket 接口接收数据包后，通过修改 IP 首部信息中的目的 IP 地址（192.168.1.2），达到数据包路由转发的目的。

```
    // 接收数据包
    ret = recvfrom(sockfd,buffer,BUFFER_SIZE,0,(struct sockaddr*)&remote_addr, &addr_
len);
    // 解析 IP 首部
```

```
*ip_header = (struct iphdr *)buffer;
unsigned short ip_header_len = ip_header->ihl * 4;
// 路由转发
// 修改目的地址为下一跳地址
ip_header->daddr = inet_addr("192.168.1.2");
// 重新计算 IP 首部校验和
ip_header->check = 0;
ip_header->check = in_checksum((unsigned short *)ip_header, ip_header_len);
// 发送数据包
ret = sendto(sockfd, buffer, ret, 0, (struct sockaddr *)&remote_addr, addr_len);
```

第二节　物联网无线网络通信

考核知识点及能力要求：

- 了解无线网络组网基础知识。
- 了解 Wi-Fi 通信基础概念。
- 掌握 Wi-Fi 通信的单播、组播、广播通信开发方法。

一、物联网无线网络分类

物联网无线网络按照有无基础设施网进行分类，一般分为两种，即有基础设施网与无基础设施网。

（一）有基础设施网

有基础设施网的物联网无线网络，即需要有固定通信基站和大功率基站和高大的天线来支持，通信基站是其最重要的基础设施。

（二）无基础设施网

无基础设施网不需要固定通信基站、高大的天线等基础设施，可以分为无线传感器网络（wireless sensor networks，WSN）与移动 Ad Hoc 网络两种。

WSN 是部署由大量微型传感器节点通过无线通信技术相互连接形成的一个多跳自组织网络，目的是协作感知、采集和处理覆盖区域中被感知对象的信息并发送给观察者。WSN 具有网络规模大、自组织、无中心等特点，该网络通常由数量庞大的传感器节点构成，通过覆盖区域内的大量传感器节点来实时监测区域内对象的数据信息，然后将处理后的数据信息通过多个网络节点以多跳的方式传送到终端用户。WSN 在环境监测、智能家居、抗灾等多个领域中具有非常广阔的应用前景。

移动 Ad Hoc 网络是一种没有有线基础设施支持的移动网络，网络中的节点均由移动主机构成。移动 Ad Hoc 网络最初应用于军事领域，它的研究起源于战场环境下分组无线网数据通信项目。由于无线通信和终端技术的不断发展，移动 Ad Hoc 网络在民用领域也得到了发展，如需要在没有有线基础设施的地区进行临时通信，可以通过搭建移动 Ad Hoc 网络实现。

二、数据链路层

数据链路层是 OSI 参考模型中的第二层，它位于物理层和网络层之间。数据链路层的主要功能是在不可靠的物理介质上确保可靠的数据传输。链路是指从一个节点到相邻节点的一段物理线路，中间没有其他交换节点。而数据链路则是指物理线路，加上控制数据传输的通信协议，组成了数据链路。数据链路层把网络层交付下来的 IP 数据报添加首部、尾部封装成帧，使用的信道主要有点对点信道和广播信道两种。目前常用网络适配器实现数据链路，通常适配器包括数据链路层和物理层两层的功能。

Wi-Fi 通信是常用的数据链路层通信手段。

（一）MAC 地址概述

在局域网中，硬件地址又称物理地址或 MAC 地址。MAC 地址用于识别数据链路中互联的节点。

MAC 地址的长度为 48 比特，在使用网卡的情况下，MAC 地址一般会被写入网卡芯片只读存储器中。因此，任何一个网卡的 MAC 地址都是唯一的，在全世界都不会有重复。MAC 地址构成如图 9-6 所示。

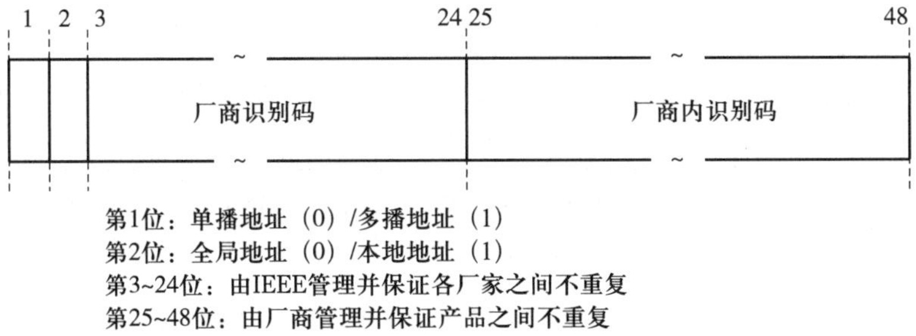

图 9-6　MAC 地址构成

MAC 地址的第 1 位表示这个 MAC 地址是单播还是多播，0 表示单播地址，1 表示多播地址。MAC 地址的第 2 位表示这个 MAC 地址是全局的还是本地的，0 表示全局地址，1 表示本地地址。MAC 地址的第 3 ~ 24 位表示厂商识别码，MAC 地址的第 25 ~ 48 位是厂商内部为识别每个网卡而采用的。

（二）Wi-Fi 通信协议

无线局域网（wireless local area network，WLAN）是 IEEE 802 协议簇中最广泛的应用协议之一。IEEE 802 协议簇是 IEEE 标准中关于局域网（local area network，LAN）和城域网的一系列标准。IEEE 802 协议簇中定义的服务和协议限定在 OSI 七层网络模型的最低两层，即数据链路层和物理层。实际上，IEEE 802 协议簇又将 OSI 的数据链路层分成两个子层，即逻辑链路控制（logical link control，LLC）层和介质访问控制层。Wi-Fi 通信协议是用于在 WLAN 中进行数据通信的协议标准。常见的 Wi-Fi 通信协议标准见表 9-1。

需要注意的是，不同的 Wi-Fi 设备可能支持不同的协议标准。当连接到同一个

WLAN 时，设备将尝试采用其支持的最高协议进行通信。换言之，若现有设备支持更高级别的协议，但无线路由器只支持低级别的协议，那么设备将以低级别协议的速度进行通信。

表 9–1 常见的 Wi–Fi 通信协议标准

序号	协议标准	简介
1	802.11b	使用 2.4 GHz 频段，最高传输速率为 11 Mbps
2	802.11a	使用 5 GHz 频段，最高传输速率为 54 Mbps
3	802.11g	使用 2.4 GHz 频段，最高传输速率为 54 Mbps，兼容 802.11b
4	802.11n	使用 2.4 GHz 频段和 5 GHz 频段，最高传输速率通常为 300 Mbps 或更高，支持多输入多输出技术
5	802.11ac	使用 5 GHz 频段，最高传输速率多达 1 Gbps 或更高，使用更高级别的多输入多输出技术，提供更快的速度和更大的容量
6	802.11ax	即 Wi–Fi6，支持 2.4 GHz 频段和 5 GHz 频段，提供更高的传输速率和更大的容量，提升网络效能和设备连接效率

802.11 协议标准的帧格式类似于以太网，但是更加复杂，并且为了弥补无线网络的缺陷，添加了额外的功能。802.11 协议标准的帧分为三类：管理帧、控制帧、数据帧，其中管理帧最复杂。

（三）单播、广播、组播

局域网上的数据帧可以通过三种方式发送，即单播、广播和组播。

1. 单播 MAC 地址

单播是指从单一的源端发送到单一的目的端。每个主机接口有一个 MAC 地址唯一标识，MAC 地址的最高字节的最低比特表示地址类型。对于主机 MAC 地址，这个比特固定为 0。在冲突域中，所有主机都能收到源主机发送的单播帧，但是其他主机发现目的地址与本地 MAC 地址不一致后会丢弃收到的帧，只有真正的目的主机才会接收并处理收到的帧。

2. 广播 MAC 地址

广播表示帧从单一的源发送到共享以太网上的所有主机。广播帧的目的 MAC 地址为十六进制的 FFFFFFFFFFFF，收到该广播帧的主机都要接收并处理这个帧。广播方式会产生大量流量，导致带宽利用率降低，进而影响整个网络的性能。当需要网络中的所有主机接收相同信息并进行处理时，通常会使用广播方式。

3. 组播 MAC 地址

组播比广播更加高效，组播转发可以理解为选择性的广播，主机侦听特定组播地址，接收并处理目的 MAC 地址为该组播 MAC 地址的帧。组播 MAC 地址和单播 MAC 地址是通过最高字节中的最低比特区分的。组播 MAC 地址的位（bit）为 1，而单播 MAC 地址的位（bit）为 0，如 01 00 00 00 00 00。组播的地址是 D 类 IP，规定是 224.0.0.0–239.255.255.255。当需要网络上的一组主机接收相同信息，并且其他主机不受影响的情况下通常会使用组播方式。

虽然组播比较特殊，但是究其原理，组播的数据要通过数据链路层进行 MAC 地址绑定，然后进行发送。主机开启组播接收程序时，会向 TCP/IP 协议注册一个组播 IP 地址，所以当收到目的 IP 地址是这个组播组的地址时，主机就会接收。同时它向工作在数据链路层的网卡注册了一个二层 MAC 地址，这样的话，当主机接收到一个组播报文时，就可以直接在网卡上判断是否是自己所需要的组播报文。

互联网组管理协议（internet group management protocol，IGMP）是用于主机与路由器之间交换信息的一种协议。所有要加入组播组的主机和所有连接到有组播主机的子网的路由器都必须使用 IGMP 协议。IGMP 协议消息不能被路由转发，只能限制在本地网段内部。IGMP 协议的生存时间参数永远是 1，保证了 IGMP 协议的使用范围。

三、单播、广播、组播通信

（一）单播通信

客户端和服务器通信前不需要建立连接，可以直接向指定的对方 IP 地址和端口号发送数据，无论对方是否存在，是否在线，以及是否收到数据，均不用关心。单播用于两个主机之间的端到端通信，网络中的交换机和路由器对数据只进行转发不进行复制。如果 10 个客户机需要相同的数据，则服务器需要逐一传送，重复 10 次相同的操作。网络中的路由器和交换机根据其目标地址选择传输路径，并将 IP 单播数据传送到其指定的目的地。

（二）广播通信

1. 广播包发送流程

（1）使用 socket( ) 函数创建套接字。

（2）填充广播信息结构体 struct sockaddr_in。

（3）设置套接字选项允许发送广播包。

（4）使用 sendto( ) 函数发送数据包。

```
// 创建一个套接字
int sockfd = socket(AF_INET, SOCK_DGRAM, 0);
// 设置套接字允许广播
int yes = 1;
setsockopt(sockfd, SOL_SOCKET, SO_BROADCAST, &yes, sizeof(int));
// 定义地址结构存放广播地址信息
struct sockaddr_in dst_addr;
bzero(&dst_addr, sizeof(dst_addr));
dst_addr.sin_family = AF_INET;
dst_addr.sin_port = htons(9000);
dst_addr.sin_addr.s_addr= inet_addr("192.168.1.255"); // 广播地址
// 发送广播数据
sendto(sockfd, "this is broadcast", strlen("this is broadcast"),0, (struct sockaddr
*)&dst_addr, sizeof(dst_addr));
```

2. 广播包接收流程

（1）使用 socket( ) 函数创建套接字。

（2）填充广播信息结构体 struct sockaddr_in。

（3）使用 bind( ) 函数绑定地址和端口。

（4）使用 sendto( ) 函数发送数据包。

```
int sockfd = socket(AF_INET,SOCK_DGRAM,0);// 创建套接字
struct sockaddr_in server,client;
server.sin_family=AF_INET;
server.sin_port=htons(9000);
server.sin_addr.s_addr=inet_addr("0");
int n=sizeof(server);
bind(sockfd,(struct sockaddr *)&server,n);// 绑定套接字
char buf[64]={0};
int m=sizeof(client);
while(1)
{
/* 接收广播信息 */
recvfrom(sockfd,buf,sizeof(buf),0,(struct sockaddr*)&client,&m);
/* 打印接收到的广播信息 */
printf("message:%s\n",buf);
memset(buf,0,sizeof(buf));
}
```

（三）组播通信

1. 组播包发送流程

（1）创建套接字。

（2）初始化多播地址。

（3）设置协议簇为 AF。

（4）设置多播 IP 地址。

（5）设置多播端口。

（6）向多播地址发送数据。

实现代码如下：

```
#define MCAST_PORT 8888
#define MCAST_ADDR "224.0.0.88" // 多播地址
#define MCAST_DATA "BROADCAST TEST DATA" // 多播内容
#define MCAST_INTERVAL 5 // 多播时间间隔
using namespace std;
int sock;
struct sockaddr_in mcast_addr;
sock=socket(AF_INET,SOCK_DGRAM,0);
memset(&mcast_addr,0,sizeof(mcast_addr));
mcast_addr.sin_family=AF_INET;
mcast_addr.sin_addr.s_addr=inet_addr(MCAST_ADDR);
mcast_addr.sin_port=htons(MCAST_PORT);
while(1)
{ // 向局部多播地址发送多播内容
int n=sendto(sock,MCAST_DATA,sizeof(MCAST_DATA),0,(struct sockaddr*)&mcast_
addr,sizeof(mcast_addr));
sleep(MCAST_INTERVAL);
}
```

2. 接收端调用流程

（1）创建套接字。

（2）初始化本地地址。

（3）绑定 socket。

（4）设置回环许可。

（5）加入组播组。

（6）开始循环，接收数据。

（7）离开组播组，关闭套接字。

实现代码如下：

```
#define MCAST_PORT 8888
#define MCAST_ADDR "224.0.0.88" // 一个局部连接多播地址，路由器不转发
#define MCAST_INTERVAL 5 // 发送时间间隔
#define BUFF_SIZE 256 // 接收缓冲区大小
using namespace std;
int sock;
struct sockaddr_in local_addr;
sock=socket(AF_INET,SOCK_DGRAM,0);
// 初始化多播地址
local_addr.sin_family=AF_INET;
local_addr.sin_addr.s_addr=htonl(INADDR_ANY);
ocal_addr.sin_port=htons(MCAST_PORT);
bind(sock,(struct sockaddr*)&local_addr,sizeof(local_addr)); // 绑定 socket
// 设置回环许可
int loop=1;
setsockopt(sock,IPPROTO_IP,IP_MULTICAST_LOOP,&loop,sizeof(loop));
struct ip_mreq mreq;// 加入多播组
mreq.imr_multiaddr.s_addr=inet_addr(MCAST_ADDR);// 多播地址
mreq.imr_interface.s_addr=htonl(INADDR_ANY); // 网络接口为默认
// 将本机加入多播组
setsockopt(sock,IPPROTO_IP,IP_ADD_MEMBERSHIP,&mreq,sizeof(mreq));
int times=0;
socklen_t addr_len=0;
```

```
char buff[BUFF_SIZE];
int n=0;
// 循环接收多播组的消息，5 次后退出
for(times=0;;times++)
{
addr_len=sizeof(local_addr);
memset(buff,0,BUFF_SIZE);
recvfrom(sock,buff,BUFF_SIZE,0,(struct sockaddr*)&local_addr,&addr_len);
}
// 退出广播组
setsockopt(sock,IPPROTO_IP,IP_DROP_MEMBERSHIP,&mreq,sizeof(mreq));
close(sock);
```

第三节　无线网络结构优化

考核知识点及能力要求：

- 了解无线网络常见问题。
- 了解无线网优化方向。
- 掌握网络优化测试基本方法。

一、无线局域网的物理层相关概念

（一）频段

无线通信的介质是电磁波，通过将电磁波的频率划分为不同的“段”，形成频段。频段是指一个连续电磁波的频率范围，如通常无线路由器有两个频段：2.4 GHz 和 5 GHz。由于 2.4 GHz 的频率较低，所以波长更长，更容易绕过障碍物继续传播。家电、无线等设备多数使用 2.4 GHz 频段，但无线环境更加拥挤，干扰较多；而 5 GHz 的带宽较宽，设备较少，因而干扰也少。

（二）信道

信道是在频段基础上对电磁波频率的更进一步划分，划分目的是避免多个设备之间的竞争。对于 2.4 GHz 频段，2.4 ~ 2.5 GHz 共划分出 14 个信道（国内可用信道为 1 ~ 13），每个信道以其中心频率进行编号。由图 9-7 可知，信道 1、6、11 是完全没有重叠部分的，代表这三个信道完全互不干扰。

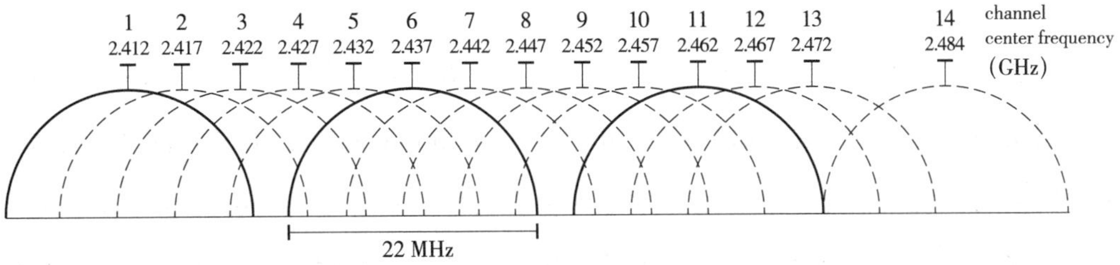

图 9-7 2.4GHz 频段信道

（三）信道带宽

一个信道中最大频率与最小频率的差，即为信道带宽。信道带宽体现了信道覆盖的频率范围的大小。在 Wi-Fi 中，每个信道的带宽是 22 MHz。在实际使用中，有效的带宽是 20 MHz，其中有 2 MHz 为隔离频带，起到保护作用。

（四）传输速率

传输速率是指数据传输的快慢。影响传输速率的因素很多，其中最重要的是信道带宽和传输频率。信道带宽越大，传输频率越高，则传输速率越高。

（五）信号强度

在无线网络中，使用无线网络接入点（access point，AP）设备和天线来实现有线和无线信号互相转换。有线网络侧的数据从 AP 设备的有线接口进入后，经处理转换为射频信号，从发送端经过线缆发送到天线，从天线处以高频电磁波的形式将其发射出去。高频电磁波通过一段距离传输后，到达无线终端位置，由无线终端的接收天线接收，再输送到无线终端的接收端处理。反之，从无线终端的发送端发出去的数据，也是按照上述流程，逆向处理一遍，输送给 AP 的接收端。无线信号传输过程如图 9-8 所示。

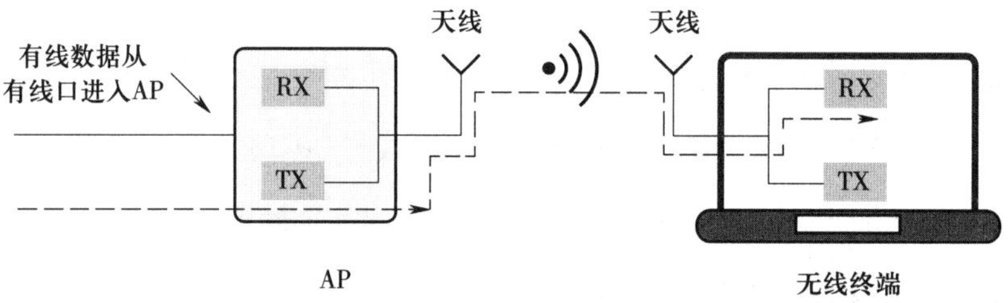

图 9-8　无线信号传输过程

发送和接收天线之间的信号即是无线信号。信号强度在无线信号传输过程中会逐渐衰减。接收信号强度指示（received signal strength indicator，RSSI）表示无线网络覆盖内某处位置的信号强度，是有效全向辐射功率（effective isotropic radiated power，EIRP）经过一段传输路径损耗和障碍物衰减后的值。常规遇到的信号强度弱问题是指 RSSI 弱，没有达到指标要求值，导致无线终端接收到很弱的信号甚至接收不到信号。

二、无线局域网网络拓扑结构

Wi-Fi 无线网络使用的拓扑结构主要有三种：点对点网络拓扑结构、基础设施网络拓扑结构和混合型网络拓扑结构。

（一）点对点网络拓扑结构

点对点网络拓扑结构是一种简单的网络结构形式，它由两台设备组成，一台设备为无线路由器，另一台设备为无线终端设备（如计算机、手机等）。它们通过直接的 Wi-Fi 连接互相通信和传输数据。点对点网络拓扑结构不需要中央控制器，具有自组织、易于管理等优点，适合于小规模网络应用，如家庭网络、人员较少的办公场所等。

（二）基础设施网络拓扑结构

基础设施网络拓扑结构又称为基站模式，由两个关键部分组成：无线路由器和无线终端设备。无线路由器连接到互联网或局域网，具有网络接入功能，无线终端设备以路由器为中心，通过无线信号连接网络。基础设施网络拓扑结构支持大规模终端设备，网络管理和网络服务功能完善，可自动重连，适用于城市 Wi-Fi、企业 WLAN、公共场所等需要集中管理和提供网络服务的场合。

（三）混合型网络拓扑结构

混合型网络拓扑结构包括多个点对点网络和一个基础设施网络组成的分布式网络，在具有点对点网络自组织特点的同时，又可通过基础设施提供高质量的网络服务。这种拓扑结构可以根据实际需求而自由灵活地调整，适合复杂环境下的无线网组织和管理。

三、无线局域网网络结构优化

Wi-Fi 信号范围受多种因素影响，如传输频率、功率、发射天线、环境等。一般来说，传输频率越高，信号传输距离越短，传输效率越高。同样，功率越高，发射天线越长，信号传输距离也会越远。在室内环境中，信号范围受到墙体、楼层、障碍物等因素的影响。而在室外环境中，信号范围则会受到天气和自然环境等因素的影响。Wi-Fi 的信号室外范围为 150 ~ 400 m，室内可以穿透两到三堵墙。根据 IEEE802.11 标准，无线路由器所能覆盖的最大距离通常为 300 m。若属于半开放性空间，或有隔离物的区域，传输 35 ~ 50 m。范围取决于实际应用中的具体环境和设备参数。

（一）WLAN 网络优化步骤

1. 网络测试

使用专用的测试软件，到现场对 WLAN 的各个关键指标进行实地测试，如信号强度、信噪比、网络延时及丢包、网络吞吐量、关联成功率、网站认证延时、漫游稳定性、同频 AP 数量、信道占用率等。

2. 问题分析

根据 WLAN 网络测试结果，分析问题成因，并做好记录。如在设计目标覆盖区域内，检测到 WLAN 覆盖接收信号强度小于要求值，通过排查发现有障碍物遮挡，造成信号损耗过大，因此达不到数据通信信号覆盖的强度。

3. 优化方案

根据分析出的问题原因，通过调整设备的安装位置、发射功率或者更换天线等措施，保证 WLAN 的信号覆盖强度达到通信要求的标准值。

4. 网络优化验证

对 WLAN 网络进行优化后，使用专用的测试软件进行验证，最终确保 WLAN 各项性能指标符合验收要求。

（二）WLAN 网络性能测试

应选择合适的测试环境，以避免或削弱周围干扰因素带来的影响，提高测试结果的准确性。另外，要注意测试参数设置和测试结果解析，以便更好地了解 Wi-Fi 设备的信号强度。常用的 Wi-Fi 信号检测方式包括以下几种：

1. 硬件检测

利用专用的 Wi-Fi 接收模块和示波器等设备对信号进行检测，可以实现对信号的快速检测和定位。

2. 软件检测

利用专门开发的 Wi-Fi 信号扫描软件，在 Wi-Fi 网络中搜索、定位信号和信号源。

3. 系统检测

通过 Wi-Fi 网络自身机制进行检测，如利用路由协议、网络管理协议等机制获取信号源的信息。进行 Wi-Fi 信号强度测试通常需要使用一些专业测试仪器，如网络分析仪、频谱分析仪等。下面是一些常用的测试方法：

（1）距离测试法。将一个 Wi-Fi 设备放在一个标准位置处作为发送端，另一个设备作为接收端，逐渐增加两个设备之间的距离并记录信号强度值。测试时需要保持环境恒定，避免干扰因素的影响。

（2）信号发生器、功率计测试法。将信号发生器和功率计连接后检查信号发生器的输出频率，并用功率计检测信号强度值。测试时可以逐渐调整信号功率和距离，以获取更多数据。

（3）波动测试法。使用网络分析仪或频谱分析仪检测 Wi-Fi 设备发送的信号质量，并监控信号波动情况。

（三）WLAN 网络优化操作

1. 优化基础设施

对于物联网设备容量不足或者覆盖不足的场合，通过增补无线接入点，能有效优化信号覆盖效果；或提升 AP 规格，如升级为双频 AP，可以提升接入设备数量并提升网络性能。通过更换 / 调整天线也可一定程度优化信号覆盖效果。

2. 配置与调优

配置无线接入点和物联网设备，确保正常运行，如配置无线网络名称、加密方式、频段选择。调优工作包括信道选择、功率调整等。

3. 消除干扰源

消除干扰源可以有效削弱同频干扰的影响。

思考题

1. 物联网无线通信系统有哪些特性？

2. 物联网无线路由协议有哪些特点？

3. 通过 IP 进行通信时，需要在数据的前面加入 IP 首部信息，IP 首部结构是如何定义的？

4. Wi-Fi 信号检测方式包括哪几种？

第十章 新一代通信技术应用开发

新一代通信技术的核心是快速、可靠、智能的信息交流和数据传输。5G、Wi-Fi 6等技术作为新一代移动通信技术的代表，具有高速的数据传输和低时延的通信能力，让移动应用提供更好的用户体验，也推动了物联网和边缘计算的发展。

本章探讨新一代通信技术相关内容，主要从网络结构优化及故障分析与排除的角度介绍5G技术、Wi-Fi 6技术的应用开发。通过学习本章内容，读者可以运用网络优化技术实现通信网络的低时延、可靠连接。同时，通过对通信网络的故障分析与排除方法的讲解，使读者具有一定的物联网通信开发能力和故障排除能力。

- **职业功能：** 物联网组网通信开发。
- **工作内容：** 新一代通信技术应用开发。
- **专业能力要求：** 能运用网络优化技术，实现广连接、低时延通信网络（如5G、Wi-Fi 6等）的结构优化；能应用故障分析工具，实现广连接、低时延通信网络的故障分析与排除。
- **相关知识要求：** 网络通信技术知识；网络性能分析知识。

第一节　新一代通信网络结构优化

考核知识点及能力要求：

- 了解 5G 网络通信的技术特点。
- 掌握 5G 网络结构优化技术。
- 了解 Wi-Fi 6 网络通信的技术特点。
- 掌握 Wi-Fi 6 网络结构优化技术。

一、新一代网络通信技术简介

随着网络通信技术水平不断提升，新一代网络通信技术为人们提供了更快速、更可靠、更灵活的通信方式，促进了数字化、智能化和互联化的发展。

（一）5G 网络通信技术的特点

5G 是第五代移动通信技术的简称，5G 具有了更高的数据传输速率、更低的延迟和更大的网络容量，以满足日益增长的无线通信需求，能够支持大规模物联网连接、车联网、虚拟现实和增强现实等。5G 具有以下几个特点。

1. 更高的数据传输速率和更低的延迟

5G 能提供更快的下载和上传速度，响应时间更短，从而支持更高质量的视频流媒体、虚拟现实和增强现实等。

2. 大容量和高密度连接

5G 可以支持大规模物联网设备的同时连接，满足物联网设备在小范围内大量部署，为智能城市、智能交通等场景提供强大的连接性能。

3. 更强的网络可靠性和稳定性

5G 技术采用了更先进的信道编码和多路径传输技术，能够在高速移动和密集网络环境下保持较高的信号质量和较强的连接稳定性。

（二）Wi-Fi 6 通信技术特点

Wi-Fi 6 即第六代无线网络技术，是由 Wi-Fi 联盟基于 IEEE 802.11 标准开发的无线局域网技术。Wi-Fi 6 通过使用正交频分多址（orthogonal frequency division multiple access，OFDMA）、多用户 - 多输入多输出（multi-user multiple-input multiple-output，MU-MIMO）等技术，提高了无线通信的效率和网络容量，降低了时延，增强了网络安全性和省电性，为用户提供了更优质的无线通信服务。Wi-Fi 6 通信技术具有以下特点。

1. 同时支持上行与下行的 MU-MIMO 技术

允许移动设备与无线路由器之间上传与下载数据时都可体验 MU-MIMO 技术，进一步提高无线网络带宽利用率。

2. 支持 OFDMA 技术

Wi-Fi 6 使用了与 5G 同源的 OFDMA 技术，结合 1024-QAM 高阶调制，最大可支持 160 MHz 带宽，速度比 Wi-Fi 5 快近 3 倍。

3. 支持智能分频技术

智能分频技术可以支持更多设备并发，最多允许路由器同时与 8 个设备通信，而不是依次进行通信，不必再排队等待，提升了效率并降低了延时，从而提升了整个无线系统性能和容量。

4. 更安全

Wi-Fi 6 设备只有采用新一代加密安全协议 WPA3，才能通过 Wi-Fi 联盟认证，阻止强力攻击、暴力破解等，使安全更有保障。

5. 更省电

Wi-Fi 6 引入了目标唤醒时间（target wake time，TWT）技术，只有收到传输指令时，无线路由器才进行连接，其他时间处于休眠状态，功耗可降低 30%。

二、网络优化技术

（一）5G 的结构优化技术

5G 技术作为新一代通信技术的代表，在物联网中的应用愈加广泛。为了更好地满足不同业务的个性化需求，5G 网络需要进行结构优化，以提高网络性能。

1. 网络切片技术

网络切片技术是一种将网络资源按照需求进行划分和分配的技术。通过网络切片，可以将整个网络基础设施划分为多个逻辑上独立的虚拟网络，每个虚拟网络可以根据特定的需求进行配置和管理。

网络切片的实现依赖于软件定义网络（software defined network，SDN）、网络功能虚拟化（network function virtualization，NFV）等关键技术。SDN 可以实现网络的动态编程和灵活控制，而 NFV 则可以将网络功能以软件的形式虚拟化，并在需要时动态部署。结合这些技术，网络切片可以实现对网络资源的智能分配和管理，从而提供更高效、可靠的网络服务。

2. 大规模天线阵列技术

部署大规模天线阵列（Massive MIMO）是提高 5G 网络性能的关键之一。Massive MIMO 是一种利用大量天线阵列的技术，可以利用空间复用技术，同时向多个用户或设备传输数据，提高频谱效率和网络容量。Massive MIMO 通过采集来自多个天线的信号，并使用信号处理算法进行处理，以实现精确的无线信号传输和接收。通过采用 4G 和 5G 的混合部署模式，可以大幅提升物联网设备的接入容量，优化用户的使用体验。

3. 边缘计算技术

边缘计算技术是指将计算和数据存储能力下沉至网络边缘的技术。在物联网中，边缘计算可以将计算处理和数据存储功能部署在近距离的边缘设备上，减少数据传输和处理的时延，提高响应速度。

4. 多路径传输技术

多路径传输技术是指将数据分成多条路径进行传输的技术。通过同时使用多个通信路径，可以提高数据传输的速度、稳定性和可靠性。多路径传输技术可以在网络节点之间动态选择最优的路径，并对数据进行分段和重组，以实现快速、可靠的数据传输。

（二）Wi-Fi 6 的结构优化技术

Wi-Fi 6 作为新一代 Wi-Fi 技术，已经得到了广泛应用。在物联网领域，尤其是对于设备密集型的场景，如智能家居、智能医疗等，Wi-Fi 6 的应用极为重要。为了进一步提高网络效率、容量和安全性，降低延迟和功耗，为用户提供更好的无线通信体验，就需要 Wi-Fi 6 的结构优化技术。

1. OFDMA 技术

OFDMA 技术是 Wi-Fi 6 技术的核心之一，它可以实现对多个终端设备并行传输数据。传统 Wi-Fi 技术采用的是单用户传输方式，在终端设备密集的情况下会出现等待时间较长的现象。而 OFDMA 技术可以将频谱资源分割成多个子载波，每个子载波可以被不同用户或设备共享，从而提高整体的传输效率。

OFDMA 技术将可用的频谱切割成多个子载波，并使多个设备在同一时间段内使用这些子载波进行通信。每个子载波可以根据设备需求的数据量进行分配，从而具有更好的频谱利用和多设备同时通信的能力。OFDMA 技术通过动态调整子载波大小，以适应不同设备的带宽需求。

2. MU-MIMO 技术

MU-MIMO 技术是一种在无线通信中使用的多用户多输入多输出技术，允许同时传输数据到多个用户设备，具有更大的吞吐量和更好的网络性能。

在 Wi-Fi 5 标准下，MU-MIMO 技术的应用受到了一些限制。具体来说，Wi-Fi 5 的 MU-MIMO 技术只支持下行传输，即从接入点向客户端设备。这意味着接入点可以同时向多个客户端设备发送数据，以提高网络效率。然而，对于上行传输，即从客户端设备向接入点，仍然采用了传统的单用户传输方式，即每个设备依次传输数据。

在 Wi-Fi 6 标准下，MU-MIMO 技术得到进一步改进。在 Wi-Fi 6 中，MU-MIMO 技术不仅适用于下行传输，还支持上行传输。这意味着接入点可以同时与多个客户端设备进行双向通信，显著提高了网络效率。

此外，Wi-Fi 6 的 MU-MIMO 技术还引入了更多的天线和更先进的调制解调器技术，以进一步提高网络的吞吐量。它采用了更高级别的空间复用技术，可以更好地处理同时连接的设备，减少信号干扰，并提供更稳定和可靠的连接。

因此，Wi-Fi 6 能够更好地满足多设备同时连接和高密度环境的需求，如拥挤的公共场所、办公楼或住宅区。

3. 波束成形技术

波束成形技术（beamforming）通过动态调整 Wi-Fi 信号的传输方向，将信号更精确地指向特定设备，具有更稳定、更强大的信号覆盖和传输性能。传统的无线技术中，信号是以均匀的方式辐射出去的，而波束成形可以通过集中信号传输，减少传输的干扰，从而提高 Wi-Fi 信号强度，扩大 Wi-Fi 信号覆盖范围。

在 Wi-Fi 6 中，波束成形技术发挥了更重要的作用，并进行了更大改进，具体改进如下。

（1）更多天线。Wi-Fi 6 设备通常配备更多的天线，使波束成形技术可以更精确地定位和跟踪设备，具有更强的信号覆盖能力。

（2）进行精确的传输控制。Wi-Fi 6 中引入的基于 OFDMA 的调度技术，可以将无线频谱划分为更小的子载波，以实现更灵活、高效的传输。波束成形技术在这种情况下可以更准确地将信号发送到特定用户或群组。

（3）低时延连接。Wi-Fi 6 引入的目标唤醒时间技术，能够实现更短的设备睡眠时间和唤醒时间，从而降低连接时延。波束成形技术可以准确地将信号发送到特定设备，具有更快的响应速度，进行更可靠的连接。

4. 无线 Mesh 网络技术

无线 Mesh 网络是指使用多个节点（包括路由器和扩展器）覆盖整个区域，以提供更大范围的 Wi-Fi 覆盖和更强的信号传输。每个节点相互连接，并以多路径方式传输数据，确保设备始终连接到最佳节点，可无缝漫游，具有较强的网络可靠性。无线 Mesh 网络还具有自动选择最佳路径和自我修复等功能，使其在大型区域或多层建筑中发挥重要作用。

Wi-Fi 6 中，无线 Mesh 网络技术得到了进一步发展，以满足更多的性能需求和更复杂的网络环境。Wi-Fi 6 标准引入了对无线 Mesh 网络的全面支持，以提供更强大、更灵活的无线覆盖解决方案。以下是 Wi-Fi 6 中无线 Mesh 网络技术的优势。

（1）高性能覆盖。Wi-Fi 6 中的无线 Mesh 网络可以利用多个节点相互连接，自动构建出高性能的覆盖网络。通过使用 Wi-Fi 6 的特性，如更大的吞吐量、更低的时延和更广的信号覆盖范围，无线 Mesh 网络可以实现更出色的性能。

（2）多用户接入。Wi-Fi 6 中引入的基于 OFDMA 的多用户接入技术，可以更高效地应对大量设备的连接请求。无线 Mesh 网络可以利用这一特性，更好地支持大规模设备接入，适用于智能家居、企业办公等场景。

（3）自组织和自修复。Wi-Fi 6 中的无线 Mesh 网络具有自组织和自修复功能，可以实现自动优化网络拓扑结构，同时在节点故障或网络中断时自动调整路径，确保数据可靠传输。

（4）灵活部署和管理。Wi-Fi 6 中的无线 Mesh 网络可以支持灵活的节点部署和管理，新节点可以方便地加入网络，而网络管理员可以通过中心化的管理平台对整个无线 Mesh 网络进行统一管理和监控。

总之，Wi-Fi 6 中的无线 Mesh 网络技术为用户提供了更稳定、更快速、更灵活的无线覆盖解决方案。它可以满足复杂网络环境中的需求，为用户带来更好的无线连接体验。

5. 优化信道选择技术

传统网络中，通常使用的是基于 IEEE 802.11 标准的 Wi-Fi 技术，如 Wi-Fi 4、Wi-Fi 5 等。在这些标准中，信道选择是通过扫描周围的信道，选择一个最佳的信道进行数据传输。在这种情况下，优化信道选择技术的目标是减少信道间的干扰和提高网络性能。它可以根据当前信道的拥塞程度、信号质量和干扰情况等因素，选择一个最适合的信道进行传输。这样可以降低数据包丢失率、提高传输速率，并进行更稳定的连接。

在 Wi-Fi 6 中，优化信道选择技术不仅考虑信道的拥塞和干扰情况，还考虑多用户接入的需求。它可以根据不同设备的传输需求和网络负载情况，动态分配信道资源，以提供更好的网络性能。此外，Wi-Fi 6 中还引入了更多的信道和更宽的频段，使优化信道选择技术有更广阔的选择空间，可以更好地适应不同的网络环境。

6. 信号增强器和中继器技术

信号增强器和中继器可以扩展网络的覆盖范围，将信号传输到较远的区域，提高信号弱区的覆盖和连接质量。信号增强器和中继器技术在 Wi-Fi 6 中有以下特点。

（1）更快的速度和更大的容量。Wi-Fi 6 网络能够支持更多设备同时连接，并具有更快的速度和更大的容量。因此，在 Wi-Fi 6 中使用信号增强器和中继器技术可以更好地满足这些需求，扩展网络覆盖范围并提供更可靠的连接。

（2）更高的性能标准。Wi-Fi 6 采用新的性能标准，与传统的 Wi-Fi 标准相比，具有更高的效率和更低的延迟。因此，在 Wi-Fi 6 中使用信号增强器和中继器技术可以更好地满足这些新的性能要求。

（3）更好的智能管理功能。Wi-Fi 6 引入了一些智能管理功能，如目标唤醒时间等。这些功能可以优化网络资源利用并减少功耗。在 Wi-Fi 6 中使用的信号增强器和中继器技术可以与这些智能管理功能配合使用，以实现更高效的网络部署和管理。

7. 目标唤醒时间技术

目标唤醒时间技术可以减少设备功耗，并提高网络效率。与传统 Wi-Fi 应用相比，TWT 技术在 Wi-Fi 6 中有以下改进。

（1）更好的节能效果。TWT 技术可以帮助设备进入睡眠状态，并在指定时间唤醒完成其必要的网络任务，因此可以降低设备功耗并延长电池寿命。

（2）更高的网络效率。TWT 技术可以协调 Wi-Fi 网络中各个设备的唤醒时间，以提高整体网络效率，使网络更稳定和可靠，避免网络拥塞和性能下降。

（3）更复杂的实现方式。TWT 技术需要 Wi-Fi 网络中的不同设备之间进行协调。为此，Wi-Fi 6 中的 TWT 技术引入了新的协议和机制，如帧时间间隔（frame time interval，FTI）和 TWT 信息元素（TWT information element，TWT IE）。这些机制需要在网络中进行支持，并需要设备进行升级，以实现 TWT 功能。

第二节　新一代通信技术故障分析与排除

考核知识点及能力要求：

- 了解网络通信故障分析方法。
- 掌握网络通信故障排除方法和故障分析工具。

一、物联网通信故障分析

（一）日志分析

1. 日志分析的基本原理

在物联网系统中，日志分析是一种常用的故障分析方法。对设备、应用程序和操作系统产生的日志进行分析，可以快速发现问题的根源。

日志分析的基本原理是通过收集、存储和分析事件或异常信息，以便于进行故障排查和发现问题。常见的日志类型包括设备日志、操作系统日志、应用程序日志等。技术人员收集设备的相关日志信息，检查日志中是否存在网络连接错误或认证问题的相关记录，并根据日志中的提示，追溯故障发生的时间点和分析可能的原因。

2. 日志分析的流程

（1）收集日志。使用不同的日志收集工具，收集设备、操作系统和应用程序产生的日志。

（2）存储日志。对收集到的日志数据进行持久化存储，以便后续进行检索和分析。

（3）分析日志。使用特定的工具和算法分析日志数据，并发现其中的异常信息。

（4）发现问题。根据分析结果发现问题的根源。

（5）解决问题。根据问题根源采取有针对性的解决措施。

假设一个温度传感器设备运行一段时间后，发现故障并无法连接到云平台，为了解决这个问题，可以通过以下过程进行日志分析。

（1）收集日志。使用 Wireshark 等抓包工具来捕获设备与云平台之间的通信数据。此外，还可以使用 ELK Stack 等工具来收集设备和云平台产生的日志数据。

（2）分析日志。分析设备产生的日志数据，发现以下异常信息：①设备启动时无法从 flash 中读取配置信息。②设备访问云平台时返回了错误的 HTTP 状态码 404。③设备上的 TCP 连接频繁超时重连。

（3）发现问题。根据日志异常信息分析，可以判断温度传感器设备上的持久化存储出现问题，导致设备无法正确读取配置信息并连接到云平台，同时也导致 TCP 连接频繁断开重连。

（4）解决问题。根据问题根源，可以采用以下措施：重新初始化设备并清除持久化存储、重新配置设备参数、检查云平台的 HTTP 服务状态是否存在异常。

日志分析是一种非常重要的物联网故障分析方法，通过合理收集、存储和分析日志数据，可以快速定位设备、应用程序和操作系统的故障，并及时采取措施。

（二）报警和监控系统

物联网故障分析中，报警和监控系统是非常重要的工具，用于实时监测设备和系统状态，并及时发出警报，以便于及时采取行动。

1. 报警和监控系统的使用方式

（1）传感器监控。通过安装传感器实时监测设备的工作状态，如温度传感器、湿度传感器、振动传感器等。当传感器检测到异常情况时，会触发报警系统。

（2）网络监控。通过监控网络流量、带宽、延迟等指标来判断设备与云平台之间的连接状态。一旦网络出现异常，报警系统会及时发出警报。

（3）日志监控。通过实时监控设备、操作系统和应用程序产生的日志，检测是否存在异常日志条目。一旦发现异常日志，报警系统会立即通知相关人员。

（4）云平台监控。通过监控云平台的运行状态、服务可用性、响应时间等确保系统正常运行。一旦云平台出现异常，报警系统会及时发出警报。

2. 报警和监控系统的使用过程

假设智能家居系统中包含多个设备（如门锁、摄像头、温度传感器等），希望能及时发现设备故障并采取相应措施。以下是使用报警和监控系统的具体过程。

（1）确定监控指标。需要确定哪些指标对系统的正常运行至关重要，如设备连接状态、温度是否正常等。

（2）设置阈值。根据实际情况，为每个监控指标设置合理的阈值。当指标超过或低于设定的阈值时，即视为异常情况。

（3）配置报警规则。根据监控指标和阈值，配置报警规则。例如，如果温度传感器的温度超过设定阈值，则触发报警机制。

（4）接收报警通知。将报警通知方式配置到报警系统中，可以选择发送短信、邮件，App 推送等方式进行通知。

（5）监控与报警。启动报警和监控系统，并确保其能实时监测设备和系统状态。当出现异常情况时，报警系统会根据配置的报警规则发出警报。

（6）问题发现与解决。一旦收到报警通知，相关人员需要迅速发现问题，并采取相应措施。

通过设置合理的监控指标和阈值，并配置相应的报警规则和通知方式，能够及时发现设备故障并采取相应措施，确保物联网系统稳定运行。

（三）故障树分析法

故障树分析法（fault tree analysis，FTA）是一种系统化的故障分析方法，用于识别和分析导致特定事件或系统故障的根本原因。它通过逻辑推理和图形表示的方式，将故障的可能性和影响进行定量或定性的评估。故障树分析法是一种重要的风险评估方法，广泛应用于各种领域的故障分析中，包括物联网通信故障分析。

1. 故障树分析法的步骤

故障树分析法以事件为核心，通过对事件发生机理的分析，找出导致事件发生的基本故障发生逻辑关系，形成以事件为顶点、以相关故障为支撑的故障树结构。故障树分析法主要包括以下几个步骤。

（1）确定分析的事件。在物联网通信故障分析中，事件可以是通信中断、信号质量下降、数据传输错误等。

（2）确定事件的原因。分析故障事件的发生机理和物联网通信系统的特点，找到事件的可能原因。

（3）构建故障树。根据故障事件的发生机理和原因，构建故障树。故障树由一个顶点和多个根节点组成，每个根节点都有不同的子节点，形成树状结构。

（4）分析故障树。对故障树进行分析，找出导致故障事件发生的根本原因。

2. 故障树分析法应用

假设智能家居系统中包含多个设备，并使用 Wi-Fi 进行通信。发现某个设备无法通过 Wi-Fi 连接到互联网时，可以采用故障树分析法分析此问题。

（1）确定分析的事件，如 Wi-Fi 通信中断等。

（2）确定事件的原因，如 Wi-Fi 连接问题、设备故障等。

（3）构建故障树。故障树如图 10-1 所示。

（4）分析故障树。从上往下分析故障树，找出导致通信中断的根本原因。在这个例子中，可以看到通信中断可能由多个原因导致，包括 Wi-Fi 连接不稳定、设备硬件故障和设备软件故障。为了找出具体原因，需要继续分析每个根节点，查找是否有更详细的子节点，并确定它们与事件发生之间的逻辑联系。

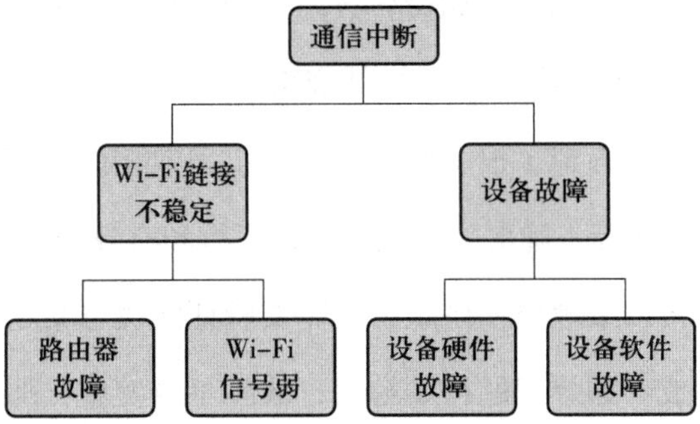

图 10-1 故障树

例如，对于 Wi-Fi 连接不稳定这一根节点，可以进一步分析其子节点，如路由器故障、Wi-Fi 信号弱等。如果路由器故障，需要检查路由器电源、网络连接或路由器配置等因素，以确定如何消除故障。

故障树分析法是一种非常有效的故障分析方法，可以帮助技术人员快速找出物联网通信故障的根本原因，从而采取相应的措施。通过确定事件原因、构建故障树并分析故障树，可以在最短时间内找出故障原因，提高系统可靠性和稳定性。

（四）根本原因分析法

根本原因分析法（root cause analysis，RCA）是一种用于确定问题根本原因的方法。在物联网通信故障分析中，RCA 可以帮助技术人员找到导致故障发生的根本原因，并采取相应的措施。

1. 根本原因分析法的使用步骤

（1）确定问题。明确具体的问题，如通信中断、信号质量下降等，确保问题描述准确清晰。

（2）收集数据。收集与问题相关的数据，包括日志、监测数据、用户反馈等。这些数据可以帮助技术人员了解故障发生的背景，确保数据收集全面且准确。

（3）分析数据。对收集到的数据进行仔细分析，寻找故障发生的模式和规律。这可以通过数据可视化、统计分析和图表绘制等方法实现。分析数据的目标是找出与故障相关的特征和趋势。

（4）确定根本原因。基于对数据的分析，可以尝试找出导致故障发生的根本原因。这需要综合考虑各种可能的因素，如设备故障、网络拥堵、人为错误等。通过逐步排除不相关的因素，并收集更多的证据来支持判断。

（5）消除故障。一旦确定了根本原因，就可以采取相应措施。这可能包括设备维护、网络优化、软件更新等，确保采取的措施是可行和有效的。

（6）验证解决方案。采取修复措施后，需要验证解决方案是否有效。这可以通过再次监测和测试来完成。如果问题得到解决，故障不再发生，那么可以确认找到了正确的根本原因并采取了正确的措施。如果问题仍然存在，可能需要重新分析数据或调整解决方案。

2. 根本原因分析法应用

假设物联网通信系统中的一个传感器设备，其传输的数据在云端接收时发生了丢失。下面是应用 RCA 方法分析和处理此问题的步骤：

（1）确定问题。丢失传感器数据。

（2）收集数据。收集与问题相关的数据，包括传感器输出和接收日志、网络连接日志、云端接收日志等。

（3）分析数据。分析传感器输出和接收日志，查看是否存在数据丢失的模式。此外，还可以检查网络连接的稳定性和延迟等参数。

（4）确定根本原因。根据数据分析的结果，发现在某一时间段内，网络连接出现异常波动，并且与数据丢失的时间一致。这表明网络连接问题可能是导致数据丢失的根本原因。

（5）修复问题。针对网络连接问题，可以采取优化网络设备设置、增加带宽或更换更可靠的网络供应商等措施。

（6）验证解决方案。采取修复措施后，再次监测传感器数据和云端接收情况，确认是否不再出现数据丢失问题。如果问题得到解决，说明找到了根本原因并采取了正确的措施。

通过 RCA 方法，能够深入分析物联网通信故障的根本原因，并采取有针对性的措施。这样可以提高系统稳定性和可靠性。

二、通信故障分析工具及故障排除方法

（一）通信故障分析工具

1. ELK Stack 工具

ELK Stack 是一套用于日志管理和可视化的开源工具组合。该工具是一个开源的日志管理和分析平台，可以对设备和应用程序产生的大量日志数据进行自动化分析。通过使用 ELK Stack，可以快速发现故障根源。它由三个主要组件组成：Elasticsearch 组件是分布式搜索和分析引擎，用于存储和索引数据；Logstash 组件是用于收集、处理和转发日志数据的数据处理管道；Kibana 组件是用于可视化和分析数据的用户界面。

2. GDB 和 JTAG 调试器

在物联网通信故障排除中，GNU 调试器（GNU symbolic debugger，GDB）和联合测试工作组（joint test action group，JTAG）调试器是两个常用的调试工具。这些调试工具可以跟踪程序执行过程，明确故障发生的位置和原因。使用 GDB 或 JTAG 调试器，可以查看程序运行时的内存状态、断点位置、变量值等信息。

（1）GDB。GDB 是一个开源的命令行调试器，可用于多种编程语言，如 C、C++、Ada 等。GDB 允许开发人员在程序运行过程中暂停程序执行并检查程序状态，包括变量的值、内存内容、寄存器状态等。通过设置断点、单步执行、观察变量等功能，开发人员可以逐步分析代码执行情况，定位和修复程序中的错误。GDB 支持远程调试，可以与目标设备通过串口或网络连接进行通信，并在目标设备上进行调试操作。这在嵌入式系统开发和调试中尤为有用。

（2）JTAG 调试器。JTAG 调试器是一种硬件调试接口标准，用于连接嵌入式系统的调试端口。允许开发人员通过 JTAG 接口与目标设备进行通信，并监控目标设备的状态，以进行调试。JTAG 调试器通常与开发板或嵌入式系统上的 JTAG 接口相连接。通过 JTAG 接口，开发人员可以读取和写入目标设备的寄存器、内存内容，设置断点和触发条件，并对目标设备进行复位等操作。这使开发人员能深入了解和调试嵌入式系统的内部状态。JTAG 调试器通常与调试软件配合使用，具有更丰富的调试功能。它们可以通过 JTAG 接口与目标设备进行交互，并将调试信息传送给调试软件，以实现源代码级别的调试。

（二）通信故障排除常用方法

在物联网通信中，通信故障排除是非常重要的，可以快速找到并解决问题，确保通信系统正常运行。排除故障时，可以采取以下方法。

1. 逐个排查法

逐个检查物联网设备的网络连接是一种常用的排查方法。首先，确认设备是否正常联网，检查设备的物理连接状态、电源供应等。其次，检查设备的网络配置，确保 IP 地址、子网掩码、网关等设置正确。最后，验证 DNS 设置是否正确，以确保设备能正确解析域名。

2. 分而治之法

将物联网系统分为多个模块或子系统，逐个排查可能出现问题的部分。例如，首先，检查传感器模块，确保传感器正常工作、接口连接正确。其次，检查数据收集模块，包括数据采集设备和数据传输通道的状态和配置。最后，检查网络通信模块，包括设备与云平台之间的连接状态、认证密钥是否匹配等。

3. 打印调试

在关键代码段插入打印语句，并输出调试信息以跟踪程序执行过程。凭借观察打印输出结果，可以判断故障发生的位置和原因。例如，在设备端代码中添加日志或打印语句来输出设备的状态信息、网络请求和响应等，以便分析和定位故障。

4. 固件或软件更新

如果已知设备的固件或软件存在问题，及时更新是一种常见的排查故障方法。借助更新固件或软件，可能修复潜在的故障原因。确保使用最新版本的固件或软件，以提升系统稳定性和可靠性。

在排查过程中，可以逐个检查设备的连接和配置，排查各个模块，使用打印调试输出关键信息，以及及时更新固件或软件来解决已知问题。需要根据具体情况和故障特点来选择合适的方法进行排查。

思考题

1. 5G 技术的结构优化的方法有哪些？
2. Wi-Fi 6 技术的结构优化技术主要有哪些？
3. 网络通信故障分析方法有哪些？
4. 通信故障排除常用方法有哪些？

参考文献

［1］王巍，李平安．基于 STM32 的嵌入式系统设计与开发［M］．长沙：中南大学出版社，2021.

［2］连志安．物联网——嵌入式开发实战［M］．北京：清华大学出版社，2021.

［3］章坚武，李杰，姚英彪，等．嵌入式系统设计与开发——软硬件技术［M］．西安：西安电子科技大学出版社，2023.

［4］郝自勉，吴丰盛．物联网嵌入式开发［M］．北京：中国铁道出版社，2019.

［5］浦灵敏，宋林桂．物联网与嵌入式技术应用开发［M］．武汉：华中科技大学出版社，2022.

［6］佟国香．物联网嵌入式系统开发与实践［M］．北京：科学出版社，2023.

［7］连艳．嵌入式技术与应用项目教程：STM32 版——基于 STM32CubeMX 和 HAL 库［M］．北京：科学出版社，2021.

［8］陆渊章，徐敏．嵌入式系统技术应用与开发［M］．北京：机械工业出版社，2020.

［9］吴俊强．物联网应用开发实训教程［M］．南京：东南大学出版社，2020.

[10] 廖义奎 . 物联网应用开发：基于 STM32 [M] . 北京：北京航空航天大学出版社，2019.

[11] 廖建尚，郑建红，杜恒 . 基于 STM32 嵌入式接口与传感器应用开发 [M] . 北京：电子工业出版社，2018.

[12] 姜洪溪，黄健，葛卫清 . 嵌入式实时操作系统原理与应用研究 [M] . 北京：中国原子能出版传媒有限公司，2011.

后 记

2022年1月12日，国务院正式发布《“十四五”数字经济发展规划》（以下简称《规划》）。根据《规划》，到2025年，数字经济迈向全面扩展期，数字经济核心产业增加值占GDP比重达到10%。而作为未来数字经济重要底座支撑的物联网新型基础设施建设，《规划》也做了重点布局。伴随国家政策大力支持以及技术逐渐成熟，物联网产业发展的驱动力愈发强劲，发展势头越来越好。据IoT Analytics统计数据显示，2025年中国物联网连接数将增长至309亿。可以预见我国物联网领域会迎来新时代、新态势、新征程。

在“十四五”规划中，物联网被划定为七大数字经济重点产业之一。我国的物联网产业链及市场发展拥有广阔的发展前景，产业正处于蓬勃发展的阶段，需要大量的专业人才提供支撑。

人力资源社会保障部、国家市场监督管理总局、国家统计局在2019年4月正式发布13个新职业，这是自2015年版国家职业分类大典颁布以来发布的首批新职业。这批新职业主要集中在高新技术领域，既有时下热门的物联网工程技术人员、云计算工程技术人员、电子竞技员等，也有适应传统行业变化需求的工业机器人系统操作员、农业经理人等。

以《人力资源社会保障部办公厅 市场监管总局办公厅 统计局办公室关于发布人工智能工程技术人员等职业信息的通知》（人社厅发〔2019〕48号）为依据，在充分考虑科技进步、社会经济发展和产业结构变化对物联网工程技术人员专业要求的基础上，以客观反映物联网技术发展水平对其从业人员的专业能力要求为目标，根据《物联网工程技术人员国家职业技术技能标准（2021年版）》（以下简称《标准》）对物联网工程技术人员职业功能、工作内容、专业能力要求和相关知识要求的描述，人力资源社会保障部专业技术人员管理司指导工业和信息化部教育与考试中心，组织有关专家开展了物联网工程技术人员培训教程（以下简称教程）的编写工作，用于全国专业技术人员新职业培训。

物联网工程技术人员是从事物联网架构、平台、芯片、传感器、智能标签等技术的研究和开发，并加以利用、管理、维护和服务的工程技术人员。其共分为三个专业技术等级，分别为初级、中级、高级。其中，初级、中级分为三个职业方向：物联网嵌入式开发方向、物联网应用开发方向、物联网系统集成与管理方向；高级不分职业方向。

与此相对应，教程也分为初级、中级、高级，分别对应其专业能力考核要求。另外，本系列教程单独设置《物联网工程技术人员——物联网基础知识》，对应其理论知识考核要求。《物联网工程技术人员——物联网基础知识》一书涵盖《标准》中从事本职业人员所需具备的基础知识和基本技能，是开展新职业技术技能培训的必备用书。

使用本系列教程开展培训时，应当结合培训目标与受众人员的实际水平和专业方向，选用合适的教程。在物联网工程技术人员培训中涉及的基础知识是初级、中级、高级工程技术人员都需要掌握的；初级、中级物联网工程技术人员培训中，可以根据培训目标与受众人员实际，选用物联网嵌入式开发、物联网应用开发、物联网系统集成与管理三个职业方向培训教程。培训考核合格后，获得相应证书。

中级教程包含《物联网工程技术人员（中级）——物联网嵌入式开发》《物联网工程技术人员（中级）——物联网应用开发》《物联网工程技术人员（中级）——物联网系统集成与管理》。《物联网工程技术人员（中级）——物联网嵌入式开发》一书内容对应《标准》中物联网中级工程技术人员嵌入式开发职业方向应该具备的专业能力要求；《物联网工程技术人员（中级）——物联网应用开发》一书内容对应《标准》中物联网中级工程技术人员应用开发职业方向应该具备的专业能力要求；《物联网工程技术人员（中级）——物联网系统集成与管理》一书内容对应《标准》中物联网中级工程技术人员系统集成与管理职业方向应该具备的专业能力要求。

本教程读者为大学专科学历（或高等职业学校毕业）以上，具有较强的学习能力、计算能力、表达能力及分析、推理和判断能力，参加全国专业技术人员新职业培训的人员。

物联网工程技术人员需按照《标准》的职业要求参加有关课程培训，完成规定学时，取得学时证明。初级 128 标准学时，中级 128 标准学时，高级 160 标准学时。

本教程编写过程中，得到了人力资源社会保障部、工业和信息化部相关部门的正确领导，得到了陈穆珩、谢治华、方璐、安鹏、徐欧官、陈旭、李文亮等一些大学、科研院所、企业的专家学者的大力帮助和指导，同时参考了多方面的文献，吸收了许多专家学者的研究成果，在此表示由衷感谢。

由于编者水平、经验与时间所限，本书的不足与疏漏之处在所难免，恳请广大读者批评与指正。

本书编委会